翻 开 古 人 的 世 界

古人吃饭那些事儿

龙丘雪 著

北方联合出版传媒(集团)股份有限公司
万卷出版有限责任公司
2022年·沈阳

ⓒ 龙丘雪　2022

图书在版编目（CIP）数据

古人吃饭那些事儿 / 龙丘雪著. —沈阳：万卷出版
有限责任公司，2022.8
ISBN 978-7-5470-5806-0

Ⅰ.①古… Ⅱ.①龙… Ⅲ.①饮食—文化—中国—先
秦—清朝 Ⅳ.①TS971.2

中国版本图书馆CIP数据核字（2022）第211356号

出 品 人：王维良
出版发行：北方联合出版传媒（集团）股份有限公司
　　　　　万卷出版有限责任公司
　　　　　（地址：沈阳市和平区十一纬路29号　邮编：110003）
印 刷 者：辽宁新华印务有限公司
经 销 者：全国新华书店
幅面尺寸：145mm×210mm
字　　数：200千字
印　　张：8.5
出版时间：2022年8月第1版
印刷时间：2022年8月第1次印刷
责任编辑：张洋洋
责任校对：张　莹
装帧设计：马婧莎
ISBN 978-7-5470-5806-0
定　　价：45.00元
联系电话：024-23284090
传　　真：024-23284448

序

中国俗语讲"一方水土养育一方人"，用西方的话说就是
"You are what you eat"。这句话在笔者远离故国，独自在欧洲漂
泊的多年岁月里，有着越来越深的感触。在被异域语言裹挟的
那些年，到处探寻中餐厅以及自己摸索着学做中国菜，成为了
缓解思念祖国最直观有效的方法。

有些菜在欧洲普通的超市就可以买到，比如芹菜；用番茄
酱和罗勒煲出的，是意大利味的浓汤，而热锅冷油快火烹饪，
再加入酱油调味，则是彻彻底底的中国味道。有些菜只有在亚
洲超市才寻觅得到，比如豆芽；即使用最简单的橄榄油和海盐
凉拌，仍旧能吃出中国特有的感觉。慢慢的，笔者开始思考，
是什么造就了每道菜的"中国感"，这一道道香气四溢的菜品，
都是什么时候开始出现的，经历了哪些过程，为什么我们会这

样吃等奇怪的问题。当笔者开始细细追寻时才发现，食物身上蕴含的密码，并不如我们想象的那般简单。在那些早已司空见惯，不用思考就做的菜背后，涉及的是历史文化的变迁，思想和哲学的影响。

既往介绍中国饮食史的书已有很多，尤其是宋明之后涌现出的饮食类专著更是浩如烟海。即使在近代，也有徐海荣先生主编的《中国饮食史》及赵荣光先生主编的《中国饮食文化史》等专著，这些书籍虽专业全面，却鲜少涉及中国之为"中国"的细微变迁。而实际上，"中国"的味道从来都不是一成不变的，而是经历了上千年与边疆、地域、民族融合之后的，不断变化的"中国味"。在阅读本书的过程中，你可能会发现，开篇一个吃，却处处没细节，这不是一本食谱，也并非一本饕餮指南，笔者更希望的是通过这本与其说是书，不如称之为思考笔记的作品，将大家带回到动荡千年的历史中，将中国古代饮食历史发展的脉络更清晰地呈现给读者，深入浅出地将历史融入生活。

饮食史的展现基本上是通过什么条件下吃，吃什么，怎么吃，吃了之后怎么样去展开的，而饮食这一块既包括吃，也包括喝，因此书籍中会涉及茶、酒、饭菜、零食、点心等，还会涉及吃饭的礼仪、餐制、容器等这些话题。其中有些话题是贯穿性的，随着时代的变迁一直存续演变，如饮食文化、地域差异、食物储存、茶、酒等话题，这些笔者在首章单独列出。而另一些食品和礼俗包括原料、菜式、技术、祭祀、年节、日常、饭桌礼仪、禁忌、特色菜肴、宴会、婚丧嫁娶等按照断代划分，每个朝代不会设置相同的环节去一一做介绍，因为有一些东西是长期存在并不断完善的，在朝代间的变化并没有很大，而有一些东西的出现是具有很强时代特征，甚至是打破原有的规则成为新式主流的，笔者会选取每个朝代最有特色的点着重描写。

本书因为涉及思想文化史，笔者希望做到尽量客观介绍，但难免带有诸多的主观推测，如有不妥，望多指正。

目录

1

多元国际：隋唐五代

风雅世俗：宋元时代

概论：五味之国

浓缩在食物里的中国历史

    在这个拥有五千年历史的东方国度中，人们见面表达友好通常都会问句："你吃了吗?"吃，在中国是比天还大的一件事。不论是阳春白雪般"夫礼之初，始诸饮食"的记载，还是下里巴人般"民以食为天"的白话表述，似乎都在显示着，没有哪个民族能像中国人的祖先那样，在饮食中倾注了如此多的心血。

    自古以来，中国百姓的心愿都非常简单朴素。只要不是"食不果腹"，皇帝是姓"李"还是姓"刘"区别都不大。在以小农经济为主要生活方式的广袤土地上，"自给自足，知足常乐"就是最广大国民的真实心态。事实上，在很长的一段时间，民众在历史上经常处于"青黄不接""朝不保夕""捉襟见肘"的状态，文献中频繁出现的"满脸菜色""饥肠辘辘""吃了上顿没下顿"甚至是"断炊""揭不开锅"这些词语，都是大众生活的真实写照。"鸡犬之声相闻，民至老死不相往来"的乡村生活，在中国历史上保持了千年之久。靠天吃饭而种的粮食，房前屋后碎地上自种的菜蔬和家养禽畜的肉蛋，就构成了历史上庶民最基本的饮食。"盐菹淡饭，糠菜半年粮"是大部分农民的基本生活状态，粗糙简陋是基本风格。似乎是这样的饮食造就了庶民坚韧和麻木相融合的性格。有限的土地，沉重的赋税，让广大农民即使风调雨顺也只能基本温饱，若是年景不好，家庭变故很容易三餐难继，若再遇上洪水旱灾，随之而来的就是饥荒瘟疫。

经济条件更好些的大多是城镇的市民、小官员和农村中的小地主，与忙于果腹的农民相比，虽然平时日子紧巴巴，但逢年过节可以改善，偶尔也可以"打打牙祭"，大多过着不上不下的普通生活。到富商和士大夫这里，饮食才真正上升到了"美食"的高度。实际上，士大夫也并不是开始就追求"美食"的，中国的士大夫一直秉承"学而优则仕"的选拔政策，大多都是学霸知识分子，更关注的是德行和抱负，这种传统大概一直持续到唐代。从宋代开始，越来越多报国无门的士人开始把目光转向生活的精致，饮食成了士大夫热衷的话题。

到了元代，士大夫对仕途的积极性进一步降低，由此而后，士大夫阶层对生活饮食美学的注重成为了多数文人的传统。士大夫对饮食从色香味形到器物摆放，再到趣味意境都讲究质感与和谐，情调和文化成了美味的底色。历史上涌现出一大批如苏轼、黄庭坚、陆游、倪瓒、高廉、陈继儒、李渔、袁枚等饮食达人，写菜谱，撰食评，将饮食之"美"都记录在案。

真正每天享用美食的多是真正的贵族，他们或是权倾朝野的权贵，或是威震一方的封疆大吏。对他们而言，天天都是过年，筵席总是相连。"钟鸣鼎食"是他们的日常生活水平，奇珍异料是他们的追求。饮食的最高标准则在宫廷。帝王的饮食往往集合了当时技艺最好的厨师，最上乘的物料和最精美的器皿，代表的是那个时代饮食科技和审美的最高水平。

虽然中国饮食文化的绚烂大多集中在上层，但营养的根系却在于处于温饱线上最广大的民众。由广大的民众支撑起越来越往上的市民、贵族和皇族，犹如金字塔一般，但若失去了民众的基础，地基不稳，整个社会也会轰然倒下。因此千年来"民以食为天，王以民为天"就像是"鸡吃虫，虫蛀棒子，棒子打老虎，老虎吃鸡"一样形成了一个闭环。称王的人虽得天下最好的食物，但必须把民众看成天，同时，民众又把粮食看作天。《墨子》曰：

> 凡五谷者，民之所仰也，君之所以为养也。故民无仰，则君无养；民无食，则不可事。故食不可不务也，地不可不力也，用不可不节也。

不管哪个朝代，让人民吃饱肚子，是治国的基础。所以历朝历代，统治者都将农业放在国政的首位。从春秋的井田制到商鞅而始的开阡陌，承认私有，西晋的占田制，隋唐的均田制再到明清的屯田制，每一次土地的改革都是在想方设法扩大生产。因为只有"仓廪足而知礼仪"。在解决生存的基础上，食物才会被赋予更多超越充饥物的意义。

当然食物并不单指称之为五谷的粮食。《黄帝内经·素问》中提到："五谷为养，五果为助，五畜为益，五菜为充。""五谷"通常指谷物和豆类，"五果"指水果坚果，"五畜"指肉类，"五菜"指蔬菜，正是有丰富的果蔬肉菜，才给色香味形不同的菜肴提供了更多排列组合的选择。渐渐脱离了果腹之求的中国人对美味的追求成了一种生活的享受，寄托着日常美好的愿望。孟浩然《过故人庄》："故人具鸡黍，邀我至田家。"陆游《游山西村》："莫笑农家腊酒浑，丰年留客足鸡豚。"这些诗歌中记载的尽管只是用农家自养的禽畜做成的普普通通的菜肴，但对于热爱生活的人来说，享受美食后的欢乐却跃然纸上。

地道风物：中国美食地理

　　中国的国土自古以来就以广袤著称，北方人还跋涉在沙漠中"大漠孤烟直"的时候，南方的渔民可能却在"出入风波里"。江东美人可能"独倚望江楼"，而她思念的夫君却在巴蜀"走马向承明"。山川地理的变化，带来的不只是视觉的冲击，更是物产、风俗、饮食的差异。所谓"靠山吃山，靠水吃水"，就地取材，在没有网络传播、快递物流不发达的古代，中国的饮食，一地与一地，具有巨大的反差。

　　比如，东南沿海地区的人，嗜吃生猛海鲜；而西北内陆的人，终其一生可能都无缘大海，从未吃过海产鱼虾；中北地区的人，离不开牛羊肉和奶制品；长江中下游的人，则是"饭稻羹鱼"。东西南北中，各方的人，对食与味，在漫长的历史中形成了自己独特的偏好。

在八大菜系形成之前，最初最大的差异莫过于南北，北方以长江为界，黄河流域以及京津、东北几乎都呈现了一个特点——咸。在五味当中，咸味似乎是人们对北方菜的第一印象。由于北方的气候寒冷，新鲜的蔬菜和水果几乎都是奢侈品，尤其在冬季，因此各种各样的腌菜和酱几乎顿顿不离。如若细分，光一个咸就有些笼统了。比如东北水草丰美，民族众多，白山黑水之间一直是众多游牧狩猎部族的天堂。从12世纪开始，契丹、女真相继崛起，东北人一直是畜牧、种植、射猎、渔捞都有，肉食多是这儿的特色。中北青海、宁夏、新疆一带也为草原文化，奶制品和牛羊肉是不可或缺的日常饮食。西北有丝绸之路贯穿，生活着维吾尔、哈萨克、回、蒙古、锡伯、柯尔克孜、乌兹别克等民族，伊斯兰教盛行，清真的风格是这里的风味。黄河中游的山西、陕西、河南等西北地区，从先秦起就是最重要的粮食大省，面食的繁盛无可匹敌。面粉经过山西人的手，可以做出拉面、刀削面、面鱼儿等上百种面条食品，高粱、莜面、荞面、豆面、玉米面、小米面等都能使用，不单煮着吃面，还有盖浇面、凉面、蘸面、炒面、焖面等，在河南人手中面粉又是另一番光景，他们可以把馍做得千变万化，发面馍、开花馍、包子、杂面馍、锅盔、火烧、菜盒、锅贴、油条、炸果子等，古中原也就是山东、苏北一代，大葱煎饼和海产是特色。"三亩地，一头驴，吃着饼子就着鱼"是公认的小康之家的写照。

划江为界，长江以南的饮食与北方大不相同。今天的江苏、上海、浙江、安徽和江西等东部地区，甜味是刻在他们基因里的味道。这里素来被称作"鱼米之乡"，稻米是最重要的主食，鸭蟹鱼虾等是这里独特的风味。战国时代，江苏就有全鱼炙。自孙吴至南朝，江南的饮食随着政治的助力和佛教的兴盛变得更加优雅素淡起来，素食与江南喜甜喜淡的口味极其契合，就这样在东部扎下深深的根基。隋唐之后，中原文化逐渐向东迁移，经过唐代中期的安史之乱和随后的藩镇割据，经济重心已经彻底向东南转移，江南一带成了财政赋税最大的来源，扬州、临安、苏州都是当时中国最繁荣的商业大都会。市场催生了一大批精致的工艺菜品，精致的点心，清淡的菜品，带着太湖和江南独特的婉约。在宋代，不少江苏风味食品都被列为贡品，被称为"东南佳味"。

　　再往南的闽粤是中国真正的南方，是南部最突出的一味。在中国的东南边，丰饶的物产和繁盛的海上贸易让这里充满了与海外交融的味道。蛇、猴、猫、鼠、虫这些山中野物统统被搬上桌面，西方饮食对香港、澳门的浸润，更让传统中被认作是不毛之地的"岭南"显得格外洋气，与勤俭朴素的北方菜，低调奢华的华东菜相比，闽粤港澳的菜肴大胆又创新，透露着一股中西合璧的味道。

中国的西部，当今的滇桂川渝，是辣的代名词。在这个气候适宜，物产丰富的地区，由于万山阻隔，除了早期的四川，其他西南地区始终人口稀少，是少数民族聚居最多的地方。特殊的地理环境让这里的各个少数民族几乎处于与世隔绝的状态，为了对抗湿气和瘴气，这里的人早早就学会了用辛味，饮茶饮酒的嗜好也是这里最为浓重。

中国的腹地，长江中游的饮食，一直保存着荆楚独特的味道。"武昌鱼""槎头鳊""辣子鸡"是很早就出名的楚地名菜。甜酸生冷是遗传至今的口味。饮茶风极盛，也是这里最大的特点。可以说茶文化真正的兴起，就是从荆楚开始。

自然造就了各地不同的风味，酸甜苦辣咸，一个地区有一个地区的特点，但随着居民的个人迁徙以及政治动荡造成的人口流动，食物的口味和烹饪的技艺一直在交流融合，比如北方的小麦粉和成面，包入剁碎的咸味肉菜，制成汤食的饺子，这种包面的技法传到南方，因地制宜改为糯米面，加入剁碎的甜味豆沙，做成同样汤食的汤圆，南方用稻米箬叶包入蛋黄肉块制成粽子，北方也用芦苇加入红枣包成粽子。虽然直至今天南北都存在着过年吃饺子还是汤圆，粽子吃甜还是吃咸的争辩，但不可否认的是，在这片叫作"中国"的土地上，藏在不同口味背后的，是东西南北的交融与沟通。

食物的储存有秘诀

在没有现代保存技术的古代，所有人都要遵循着"四季"的脚步，春耕夏忙、秋收冬藏，在北方漫长的冬天，南方酷热的夏天里，来之不易的食物须得到妥善的保存，才能穿越时间，更多地出现在饭桌之上。

智慧的古人通过盐渍、蜜炙、风干、熏腊、冰镇等手段，最大程度地贮藏和保鲜食物。自先秦开始，北方人就懂得窖藏，地下储藏室背阴凉快，保存谷物相当合适，但对南方人来说，地窖性价比就不那么高了。大量的降雨本就不适合修建地窖，潮湿的环境还容易让谷物发霉，所以南方的古人更多搭棚子，储藏室和地面有高台相隔，用来隔湿。通常这种棚子一般也叫"仓"，更大一些的"仓"可以做成复杂的塔形，但再豪华的仓库也没办法在炎热的夏季阻止肉类快速腐烂，更无法让夏季的菜蔬保存到冬天。所以，特殊的保存形式就应运而生了。

最常见也是最简单的方法是用盐来腌渍。今天的我们知道食盐的高渗透压能让大部分细菌无法生存，因而抑制食物腐烂，但古代没有生物学常识的时候，这种有效的方法都是经过无数次经验积累得出的。根据历史文献记载，三千多年前的《诗经·谷风》中就有"我有旨蓄，亦以御冬"的诗句，其中的"旨蓄"就是我们现在用坛子腌渍的蔬菜。周代时，每到秋天，人们就知道用腌渍、日晒等方法，把菜保存起来，以备冬季食用。在没有冰箱冷冻保存，也没有蔬菜大棚技术的古代，想要在冬天吃到菜，人人都得是腌菜的行家里手。韭菹、菁菹、茆菹、葵菹、芹菹、笋菹，这里的"菹"就是腌菜。各地的菜经过大致相似的腌渍程序，不同的发酵方法和味道偏好，最后产出的是完全不同的风味。延边地区的辣白菜，东北的酸菜，四川涪陵的咸榨菜，扬州的糖醋酱菜，无论哪一种，都清香爽口，嫩脆适宜。肉类的腌渍主要是脯腊，脯和腊都是干肉，但略有区别：脯是干肉条，而腊是直接整只腌渍。除此之外，还有将肉撒上盐，放置晒干，再把肉切块浸在装满酒糟的瓶子里腌渍的"醢"，腌肉的工艺也早就存在，周代就有专门负责腌渍食品的"腊人""醢人"，到宋代，腊肉出现了金华火腿这样的新品种。水果的保存则更多用蜜炙。蜜炙的原理很简单，就是把新鲜的果品放在蜂蜜中熬煮，用火去掉其中的水分，水分去得多到完全不带汁的叫"果脯"，还湿漉漉比较柔软的就是"蜜饯"。但实际操作起来却很考验技艺，因此，高水准的果品蜜饯往往都是贵重的礼品。由于蜜饯制作的原料和风格的不同而形成了多种风味流派，代表性的有京式蜜饯、广式蜜饯、苏式蜜饯、闽式蜜饯等。京式蜜饯以苹果脯、桃脯、梨脯、金丝蜜枣、山楂糕最为著名；广式蜜饯以糖莲心、糖橘饼、奶油话梅享有盛名；苏式蜜饯以无花果、金橘饼、白糖杨梅最有名；闽式蜜饯最出名的是加应子、大福果这类橄榄制品。

保留夏天的味道是一件相对容易的事，大部分腌渍食物不只出现在各种筵席、富人的家常餐桌上，因为造价低廉、制作容易，大部分平民百姓都吃得起。经过腌渍的食物，再次用蒸、煮、炖、炒的火烹法，可以让封住的食材再次散发出别样的新味道。但夏天用冰来保鲜是贵族阶层的一种权富象征。虽说古时没有空调和冰箱，不过从文献和出土的文物中，我们可以找到类似的器具——冰鉴和冰桶。

所谓的冰鉴，实际上是一个两层的容器，内里圆形，可以盛放食物和液体，外层为方形。夹层中可以放炭或者冰，既可以加热，也可以制冷。冷气不但可以传导到缶内使食物降温，还可以通过盖子上的镂空花纹将冷气释放到屋内，既是冰箱，也是空调。这样的神器早在春秋时就已出现，不过只有上流社会才用得起罢了。那时冰的挖掘和储存都是一件费时费力的活儿，因此朝廷还专门设立了一个掌冰的职位叫凌人，还安排了下士、府、胥等90多个下属，可见这项工作的重要性和烦琐度。当时贵族夏天用的冰，都是在十二月天气最冷的时候，并且按用量的三倍储存下来的。只有祭祀，宴请宾客或者大丧事的时候才会用到冰，可见冰是很贵重的。而储藏则更是藏在深山的背阴，极其阴寒的地方，每年春末启用之前，周王还得搞个开启仪式，用桃木弓往冰室里射一支棘做的箭，才能开始使用。到伏天的时候，朝廷还会举行个发布会，美其名曰颁冰仪式，把冰作为珍贵品赏赐给士大夫。直到唐朝时，冰都贵如金子。

发展到宋元时，冰都还一直由朝廷储藏和掌管，只是采冰和制冰技术进一步发展后，冰量大增，冰不再只用于贵族，也会在市场中出现，容器也由散热快的冰鉴逐渐发展为木质冰桶，冰桶多为红木和梨花木，一尺多高，木料刷漆后用铜片或者铅包裹，冰块搁进去可以整日不化。

到明清时，藏冰已不单单是官府行为，出现了更多的民间冰库，甚至普通人也可以享受到冰带来的凉意了。清人严缁生《忆京都词》中就说道："冰窖开后，儿童舁卖（抬着卖）于市。只须数文钱，购一巨冰，置之室中，顿觉火宅生凉。余戏呼为水晶山，南中无此物也。"冰不仅被用于保鲜食物，也会直接入菜，被做成冷饮。根据《周礼》记载，其时的饮品可分为六种："水、浆、醴、凉、医、酏。"

其中的"凉"大概就是指冰凉饮品，类似于冰粥之类冰镇过的饮品。屈原也提到过"挫糟冻饮，酎清凉兮"，那时的酒多为酒精度很低的原浆，在夏日容易变酸，因此贵族在夏日宴会饮用时，常常需要冰镇。冰镇之风到了三国时，不仅局限于饮品，甚至魏文帝吃水果时也要冰镇一下，即所谓"浮甘瓜于清泉，沉朱李于寒水"，到隋唐后，市场上不仅有冰镇饮品，更是出现了各式直接加冰的冷饮。《西阳杂俎》中记载了"酪饮"与"糖酪"的做法，都是加冰的饮品，还有类似于冰淇淋的"酥山"以及用奶和果汁加冰配制成的"冰酪"。

到了宋代，汴京更是出现了"冰糖冰雪冷元子""雪泡梅花酒"等一系列口味的冰饮，《东京梦华录》中提到市面上当时出现一种"澄沙团子"，《梦粱录》中也提到"麝香豆沙团子"，可见，那时候除了饮品还有沙冰，食谱之丰富程度，足可以支撑起一个时下流行的夏日甜品铺。

当然，冰饮在当时还是贵重而奢侈的，即使吃也并不能天天吃，然而吃货的智慧总是无限的，普通百姓想出了井水冰镇的方法，把食物用篮子装好，用绳子放下浸在井中，天然冰镇。像这种夏日冷水浸西瓜的法子，直到三十几年前冰箱不流行的时候人们还都一直用。

早些时候，既然没有那么多冰，消暑更多的还是用热饮，夏日吃一大碗热气腾腾的汤饼，大汗淋漓，从而带走身体中的热。祛暑湿暑热的还有一系列豆汤和菌类，比如绿豆汤、竹荪汤、银耳羹等。更有甚者，还有用草药去暑的，葛洪曾提过，在立夏时吃一种叫作"玄冰丸"的丸药，据说就不会感觉到热了。

茶道：从喝茶到懂茶

所谓"饮食"，既有"饮"也有"食"。除了食物，纵观中国历史变迁，最重要的饮料莫过茶与酒。谈到中国给人留下的印象，最深的除了瓷器，恐怕就是茶了。中国是茶的故乡，若细访世界各地的饮茶习惯，追踪寻迹总能溯源到中国。

从《周礼》的祭物、《晏子春秋》的"食茗茶"，到《神农本草经》的坚持服用"安心益气"，以及魏晋待客用茶的记载，茶是早已存在，只是刚开始这种苦味的树叶药用大于食用，食用大于饮用。大约在南北朝时，饮茶才在南方流行开来。所以陆羽的《茶经》开篇即说："茶者，南方之嘉木也。"中唐以降，北方饮茶随着禅宗的兴盛也蔚然成风，此后，饮茶之风从中原向周边慢慢辐射。

所谓有需求就有市场，有市场就有品牌，大量的地方名茶

茶具十二先生图

◎金法曹（茶碾）

◎漆雕秘阁（茶托）

◎石转运（茶磨）

◎汤提点（汤瓶）

◎丛副帅（茶筅）

◎陶宝文（茶盏）

南宋审安老人撰写的《茶具图赞》中，介绍了12种茶具，不仅对盛行于宋代的斗茶用具进行了详细分类，还按照宋代的官制对茶具进行"授衔"，称之为"十二先生"，并配上白描线图，形象生动地反映了每种茶具的功用。

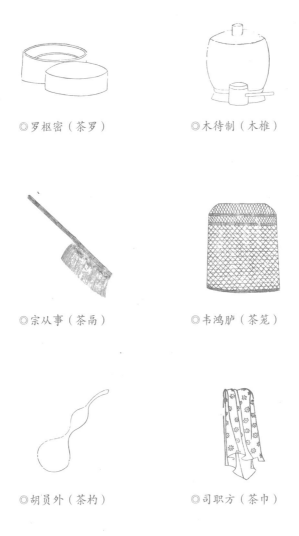

◎罗枢密（茶罗）　　　　　◎木待制（木椎）

◎宗从事（茶帚）　　　　　◎韦鸿胪（茶笼）

◎胡员外（茶杓）　　　　　◎司职方（茶巾）

开始崭露头角，如剑南的蒙顶石花、散牙，湖州的顾渚紫笋、江陵的南木、婺州的东白、寿州的霍山黄芽，等等。

最初的茶还没喝出很多花头，饮茶和喝菜汤一样粗陋，就是茶叶直接摘下，用水煮开了连茶叶带茶汤一起饮下。经过以陆羽为代表的一批优秀茶人的钻研，茶从制作的工艺开始就分为采、蒸、捣、拍、焙、穿、封等七个过程，每一道工序都对茶的形态和味道有影响。比如，采茶得用指甲掐而不是用指腹揪，这样不容易损伤叶子，所以采茶的多为姑娘，因为姑娘手指更为灵活纤巧。茶的烘焙火候必须掌握好，烘得太干就不香了，烘不到位又容易有杂味。今天的茶几乎都是散茶，重要的工艺还是采、蒸（炒）、压（捣）、焙这些工序，只是元代后的茶几乎用开水冲饮，不像唐宋饮茶风初起时，都是煮饮。因此，最早的制茶都要把茶叶压成团，穿起来封存，饮用时割一块下来，混着苏椒、茱萸、姜、桂、盐等辛香料一起煮沸，有点沸腾版"可口可乐"的感觉——辣舌头。到宋朝时，茶中兑盐奶，加芝麻，加米粉，各种新口味推陈出新。到宋末，花式加法又被淘汰了，社会上层开始引领"茶有真香，非龙麝可拟"的本味思想，到明代，崇尚清淡本味的儒士更是抢夺了宣传的话语权，各种著书立说宣传推广喝纯茶的妙处。虽然茶味苦了点，却也正如王士祯所说："茶取其清苦，若取其甘，何如蔗浆、枣汤之为愈也！"喝茶就是为了这种苦味，先苦后甜，舌有余甘，一杯之后再来一杯。讲究的品茶一般最多也只以两杯为度，剩下的只能用来当饭后漱口水。《红楼梦》中妙玉招待宝、黛、钗三人饮茶就曾有"一杯为品，二杯即是解渴的蠢物，三杯便是饮驴"的桥段。不过这种阳春白雪的说法大概也只能集中在对饮茶讲究纯饮的人士中，对于干体力活的人，解渴才是茶的第一要务，喝茶别说用杯，恨不得直接用海碗。更不按常规出牌的还有北方游牧民族，茶中兑奶是他们的常规操作，不只加奶，果仁、核桃仁、香草、花瓣，能加的都加过。

喝茶，就这样既是共同的，却又是分离的。士的茶喝的是文化修养，闻茶香，观茶色，品茶味，茶以胜过酒的清净成了文人独处会友的雅事。品茗不但讲究用器，还讲究用水，更讲究用时。行家里手甚至能分辨出茶是雪水冲泡、露水冲泡还是山泉冲泡，茶叶采自春天还是秋天，仿佛这种严苛到几乎怪诞的追求，才配得上一个"雅"。以茶会友，相聚斗茶成了文人们最爱的高级娱乐。选用好茶叶、水源和茶具之后，就开始正式比斗了。斗茶者先将茶碾成细粉，置于茶碗中，然后用沸水注入，使茶与水融合到最佳程度。在比斗过程中，首先要看茶末是否浮在水面上，如果茶末浮而不沉，不能与水交融则表明茶末碾细；其次是比茶的颜色，对白茶来说，茶色越白越好，其他色种越纯者其品级就越高。斗茶者在品饮过程中也有很多讲究，要求能真正品玩鉴赏饮之"真味"，领悟其中的"意境"和艺术"真谛"。

而市民喝茶就是另一番景象了。从宋代城市兴起后，市民成了上流人士的潮流追随者，喝茶这种时髦当然也不能落下，于是大街小巷出现了许多茶馆。只是大部分的市民并不能分出是雪水还是露水，是龙井茶还是虎丘茶，三教九流，人众汇聚，茶馆也分了多种，有专为权贵服务的大茶馆，既卖清茶，也卖酒饭。也有只卖茶的清茶馆，来找工作的手艺人一般点壶茶在这儿蹲点儿。有专供客人下棋的棋茶馆，还有以讲评书为主的小型演出现场，更有开在郊区，支着帐篷，摆设简陋为行人过客服务的野茶馆。城里人有时候跑出来农家乐，一边喝茶一边斗叶子牌，夕阳西下，赢的人付饭钱，大家吃一顿，乘着月色回家。

因着经济、文化、心理和习惯彼此不同的复杂群体，让喝茶这件事变得极其不一致。四川人喝茶喜欢"摆龙门阵"，遍布大城小镇的茶馆是闲聊八卦、商务沟通的最佳场所，喝茶喝出了烟火气；江浙吴越一带却正好相反，偏好在家中清静地啜饮，喝茶喝的是一份清幽；潮汕人喝茶喜欢乌龙、单丛，最讲究冲泡的时间和水温，喝的是一份耐心与功夫；藏蒙云南的边疆人民也爱茶，茶中加入各种配料，喝茶喝的是一份解腻。茶的风靡至今未衰，甚至又演化出混合西方特点的茶，大街小巷口味各异的奶茶，冰茶，加入西式的奶油、奶泡，口感奇特，吸引着一批又一批的消费群体，让奶茶成为当下年轻人的生活所爱，历经千百年后，这可能就是悠久茶文化底蕴下的又一次时尚风向的改变。

酒：一部文化史

如果说茶是中国所特有的，那么酒则是世界所共有。世界上不论哪一个地区与民族，都先后发展出了自己的酒。与其他地区一样，中国很早就发现了酒，但与其他地区不一样的是，几千年来，酒渗透到了中国政治、经济、教育、社会等各个领域，成为了中国人一个道德、思想、文化的独特载体。

酒之所以遍布全球，主要是因为，酒在最开始是大自然的产物，一般浆果表面都有酵母菌，当落到不漏水的地方就自然发霉，当人们发现这种水果流出的汁水喝了能使人感觉快乐，就纷纷开始研究怎么自己造点出来。中国酿酒业发家起源很早，什么样的说法都有，比如猿猴用花果酿酒之类。按晋人江统《酒诰》来说："酒之所兴，肇自上皇。一曰仪狄，一曰杜康。"仪狄和杜康都是传说中的人物，如果确有其人，大概跟大禹同时代。

不管酒到底是怎么诞生的，不可怀疑的一点是，自其诞生的那一天起，就开始和中国的历史深深地融合在一起。

到了殷商时期，粮食酿酒就开始了。但早期的中国，粮食产量十分有限，可能满足本身温饱都不够，所以酒在史前一直产量少。可喝过酒的飘飘欲仙让人欲罢不能，酗酒之风在早期的中国飞快地蔓延，前有太康纵情狂饮，政务荒废；后有殷纣王"酒池肉林"，亡国丧命。因此，周公旦一道禁令，禁止无事饮酒，只有祭祀重大欢庆时候，才能分饮，喝之前还得先敬鬼神。这种节制饮酒的传统精髓延续到先秦时代，成为了"礼"的一部分。各种仪典上，酒成了表达同神鬼相接，同热烈庄严相挂钩的手段。尊卑、长幼、亲疏都不能乱，饮酒的座次和顺序相当严格，对应的是"君臣孝悌"的隐形纲领，是对尊者长者的敬意和谦让。也因着酒的珍贵，无论是聚会还是独酌，都不能过量。饮酒，是很庄严的事，怎么能醉呢，况且，早期的酒没有蒸馏工序，所得的米酒度数很低，想醉真的不容易。醉酒恐怕大多是"酒不醉人人自醉"。所以君王酒醉，说明喝的肯定很多，铺张又浪费，也因此，酒醉被认为是君王道德败坏、不顾民生的表现。

大概应该在唐代，才开始出现度数高一些的"烧酒"。"烧"字很形象，代表的就是高温蒸馏的过程。但这种高度数、味道辛辣的白酒，在明代以前，几乎只是下层社会在饮，到了近现代，白酒才开始流行，在漫长的古代，中国人喜欢的多是酒精度很低的米酒和黄酒。这种低度数的酒浅酌慢饮，能让酒精持续刺激神经中枢，让人的兴奋点"渐入佳境"，因此大多数文人士子、迁客骚人都爱喝，恰到好处的醉意让他们灵感迸发，文从中来。心有所思，口有所言，酒话、酒诗、酒歌、酒赋油然而生，不论何种场合情绪，都有文对应。节令佳期要"春风送暖入屠苏"，欢聚一堂要"会须一饮三百杯"，祭奠扫墓也有"牧童遥指杏花村"，开心时"今朝有酒今朝醉"，忧伤时"举杯消愁愁更愁"，庆祝时"白日放歌须纵酒"，离别时"劝君更尽一杯酒"，重遇时"斗酒相逢须醉倒"，孤独时"举杯邀明月"，闲适时"能饮一杯无"，思亲时"把酒问青天"，慕才时"何以解忧，唯有杜康"，遇到朋友"酒逢知己千杯少"，遇到敌人"欲饮琵琶马上催"。

不得不说，酒牵涉了太多的场合和心情，很多看似不可能的事，几杯酒下肚，情况就完全不同。前有齐景公二桃杀三士，专诸鱼肠刺吴王，后有刘邦鸿门宴全身而退，宋太祖杯酒释兵权。酒桌上觥筹交错的瞬间，让人情绪无限放松，感性无限放大。

许是感性大于理性，很多"情"才可以讲，许多事才可以做，因此，能喝、会喝，在中国是太重要的一件事。比起独酌自乐，在以群体意识为文化内核的中国，会喝酒才好立足，喝酒喝的更多的是人际关系。酒桌之上，往往有劝酒。直白如"感情深，一口闷"，"只要感情有，喝啥都是酒"的劝酒，在古人看来大概只配一哂，酒令作为饮酒时的桌游，在酒宴上助兴，才是中国酒文化的又一灿烂硕果。在一群人喝酒的时候，宾客们会自己定一套游戏规则玩文字游戏。酒令很有强制性，一般令官都会说"酒令如军令"，赏罚分明，说到做到，令行一出，便须饮尽杯中酒。现在的酒令似乎只有"猜拳"还流传，但在更早的中国，酒令可雅可俗，尤其文人相聚，更是少不了行令。《红楼梦》中就记录了包括射覆、飞花令、合字令等一些行令方法，但古时酒令的丰富程度远不止这些。

　　酒是如此的重要，以至于商品经济发展，饮食行业日渐繁荣后，可以坐下来聊天吃饭的地方大多都能喝酒，甚至连名字中都大多带"酒"字。酒店、酒肆遍布街巷，规模大一点的还开始叫酒楼。在全是一层土房的时代，楼可是拔地而起的多层建筑，虽然现在看起来，宋朝时最高的楼也不过只有三层，但在当时，已经是东方明珠一样的地标存在，比如五座三层小楼连起来的"白矾楼"号称是当时的"天下第一楼"。这种豪华大酒楼喝的不是酒而是格调，消费的昂贵和今天的奢华场所如出一辙，随便点杯酒配三五碟果盘和小菜就是上百两银子，一顿饭几乎是平民百姓一家几个月的口粮。直至今天，在每年的各种传统节日以及人生各类重大庆典上，酒还是不可或缺的。结婚要去"喝喜酒"，丧礼要去"喝丧酒"，春节要饮"欢乐"酒，端午要饮"辟邪"酒，中秋要饮"抒怀"酒，重阳要喝"幻梦"酒。从祭祀敬神到自娱众乐，都能在酒中找到痕迹，酒已经是物质与精神的双重体。

钟鸣鼎食：先秦时代

主食的天下

俗话说，靠山吃山，靠海吃海。不同于以游牧为主的欧洲和躺在沙滩上都可以被椰子砸饱的东南亚，在位于温带季风区的中国土地上，耕种才是填饱肚子最主要的方式。国之存亡都是"江山社稷"，所谓"社稷"，"社"为土，"稷"为谷，古人对于土地的崇拜可见一斑。几分耕耘、几分收获的勤恳也随着几千年来的春耕秋收成为天性，刻进了国人的血液。

大约在夏商时期，先民们就慢慢从狩猎捕鱼过渡到以栽培为主业，同时搞搞猪牛羊之类的副业养殖。大体上黄河流域是以旱作为主，长江流域则以稻作为主，但不管是水稻还是旱麦，主食作物通称为"谷"。早先的政治、经济、文化中心都是在黄河流域，所以粮食也都是以黍稷为主。到了周代，农业更发达了，毕竟其开国先祖的名字"后稷"意思就是"善于种地的人"，谷物的种类也随之变多。这时的谷物基本已可以考证，据《诗经》记载，周代的谷物有"百谷"之称，主要的大约有十五种，分别是黍、稷、麦、禾、麻、菽、稻、秬、粱、苣、荏菽、秠、来、牟、秬。当然这里的"百"应该是泛指品种之多，慢慢也出现了"九谷""八谷""六谷""五谷"之说，其中出现于《论语·微子》中"四体不勤，五谷不分"的"五谷"一直被后世所沿用。

浓缩为五谷后，谁排行前五就有点不太一致了。主流的说法是稻、黍、稷、麦、菽，也就是大米、黄米、小米、小麦和大豆。而在更干旱的北方，麻通常代替稻，作为五谷之一。其实这也很好理解，在北方，一直到魏晋南北朝之前，都没有水稻，直到唐代水稻种植技术有所发展，才慢慢出现。而更耐人寻味的是，郑玄在注《周礼·夏官·职方氏》和《周礼·天官·疾医》中对五谷的解释也完全不同，同一人在注同一文献时居然有这么大的差别，足以见得"五谷"并没有统一的说法。

五谷对粮食作物终究是概括不全的，那为什么还要用"五谷"概念呢？这里的"五"显然跟"百谷""六谷"一样只是一个虚数，类似的还有五谷丰登、学富五车、五花大绑、五大三粗、五颜六色、五花八门等，而"五"在一众虚数中制胜的原因也与"五"的数字文化有很深的渊源。作为一至九中间的一个吉数，"五"代表着四平八稳的中庸之道。

另一种很大的可能是五谷恰与传统的五行相对应，通过声、

◎稻

◎麦

◎粟

◎粱

◎稷

◎稗

色、味、时与五行相对应，彻底将五行思想融入饮食当中。比如麦对木，黍对火，稷对土，稻对金，豆对水，而五脏中肝心脾肺肾分别与木火土金水相对，因而相应的，麦类对木属的肝具有滋养的功效，豆类对肾具有良好的食疗作用，粟米则作为五谷之首，能补脾益胃。

《黄帝内经》中对"五谷"的定位十分清楚，"五谷为养，五果为助，五畜为益，五菜为充。"言外之意，"五谷"是人们赖以生存的根本，而水果、蔬菜和肉类只作为辅助和补益。

与现代"肉食为王，无肉不欢"的饮食理念不同，古代对于谷物的依赖是十分强的，主要是上古的蔬菜水果的栽培与谷物相比略显单薄。这一点从"菜"字的字形中就可以看出，所谓"菜"，是一种需要采集的草。虽然在《国语》中有烈山氏之子柱"殖百谷蔬"的传说，但直到周代，菜大多是采集而非耕种，需要等到成熟季节采而食之。食用的蔬菜瓜果大概只有二十多种，人工栽培比较多的也就葵、韭、芸、瓜、瓠、菘等几种。

葵是秦汉之前食用最普遍的蔬菜，又叫"冬寒菜"，这种古老的蔬菜今天基本已经退出历史舞台，只在湖南、四川一带还出现在饭桌之上，而在当时却被誉为"百菜之首"，因其口感甘滑受到喜爱。另外一种叫"菘"的蔬菜，今天被称为"大头菜"，因为好种，产量高，根和叶还都能食用，可以替补主食，所以在灾荒发生的时候，就是救命菜。相对蔬菜，早期的水果基本

◎韭

◎瓠

◎瓜

◎冬葵

有桃、李、杏、棘、梨、栗、梅、橘、柚等。

与"五谷"对应的是"六畜"的说法，"六畜"包括马、牛、羊、猪、狗、鸡。除了马之外，其余的"五畜"加上鱼，构成了古代肉食的主要部分，其中时人食用最多的是猪和鸡，主要当时家庭的标配一般是"二母彘，五鸡"的小农模式。

其他的野味基本都靠打猎，比如麋、鹿、豺、狼、兔，上层社会还吃熊、虎、豹、猩、猴、雁、鸽、鹰、雉、蛇、蟒、蛙、蝉等。因为资源稀少，肉食大多为贵族享用，因此贵族又被称为"肉食者"，普通的平民只有到年老时才有享用的专利。比如《孟子·梁惠王》中，孟子向梁惠王讲理想治理的其中一项，就是"鸡豚狗彘之畜，无失其时，七十者可以食肉矣"。因此，整个社会对待杀牲都是相当谨慎的，甚至有"国君无故不杀牛，大夫无故不杀羊，士无故不杀犬豕，庶人无故不食珍"的说法。

不只食物简单，当时的饮品也比较单一。孔子谈到"饮"时，只说："饭蔬食饮水，曲肱而枕之，乐亦在其中矣。"《孟子·告子》中也只是说："冬则饮汤，夏日则饮水。"纯天然的井水、泉水和河水就是当时最流行的饮料。另一种则是"浆"，也就是煮饭时的副产品——米汤，来源还是谷物，味道比较甘甜，如若加以发酵，还会略带酸味和淡淡的酒味，这在当时的百姓眼中已经是一种比较高级的饮料了。比如，在隆重欢迎解救他们的"王师"时，采取的顶配就是"箪食壶浆"。当然更高级一点的饮料也是粮食的精华——酒。

大约从黄帝时代，随着农业的进步，粮食可以有部分剩余，于是先民用多余的稻米做原料，经过蒸煮酿成略带甜味的"醪醴"，这种不需要太复杂的酿造技巧，略带淡淡甜味的酒给辛勤劳动的人民在收工后和偶有的闲暇时候带来了无尽的快乐。大约在夏代中期，传说中"杜康"酿造出一种叫作秫酒的"粮食精华"，相对于醪酒，这种酒是在谷物发酵后滤去酒渣或沉淀后取出汁液，度数相对更高，也更受欢迎。不论庶人还是贵族，都热爱这种饮品，当时酒的消费潜力也十分巨大，不论祭神祭祖，都少不了用酒。宴飨宾客、封侯任官也每每以酒为礼，因此，酒带有浓重的政治色彩。甚至在谈到夏商两朝的覆灭时，也离不开"以酒为池，悬肉为林，为长夜之饮"，将酗酒归为亡国的重要原因。有这种想法的原因，不仅是因过量饮酒毒害人的精神，更是从酿酒需要消耗大量的粮食方面考虑的。在没有高产量的杂交水稻的时代，粮食产量远没有达到可以铺张浪费的程度。

《逸周书·文传》中就说："小人无兼年之食，遇天饥，妻子非其有也……国无兼年之食，遇天饥，百姓非其有也。"因此，饮食上的过度消费，甚至浪费，都会上升到国家统治安危的程度。与之相反，如果在饮食上崇尚节俭，则会受到人们的称赞和拥护。

调味，让食物更有滋味

其实世界上没有哪个民族能找出文字记录来证明，我们的先人到底是什么时候有意识地调味饮食。作为共性，每个民族对美味都有着自己独特的追求，而这些追求又因为地域、物产和文化的差异表现为彼此不尽相同的饮食风格，比如日本认为味觉应该分为咸、酸、甜、苦、辣；印度则分为甜、酸、苦、辣、淡、涩；欧美则基本主张甜、酸、咸、苦、金属味、碱味。中国则基于无数种所谓"五行"系统，造就了自己的"五味"。

原始时期，人们对调味似乎还没有开窍，周代祭祀用的"大羹"都是纯天然无调味的。大羹是什么呢？其实就是一种不加调料的煮肉汁，招待宾客时是很尊贵的馔品，这种菜肴供应的时候都得放在火炉上趁热吃，味道才略好一些。在不知几百万年的时光中，人们在无滋无味中度过了大羹时代，直到夏商，"若作和羹，尔惟盐梅"的调味概念才被记载下来，而酸甜苦辣咸的"五味"调和，从此书写了人类饮食的新篇章，烹饪，具有了烹和调的内涵。

烹饪的要义，一是熟，二是调味。在周代，调味似乎更加丰富，原始的"五味"即已形成，《周礼·天官·疾医》中提到"五味"，郑玄注云："醯酒饴蜜姜盐之属。"这里的五味，大抵是酸、苦、甘、辛、咸。当然周代的调味品远不只《疾医》郑注中所说的几种，梅、桂、椒，甚至很多蔬菜和食物都可以用来调和滋味，但调和的味道，基本就是上述提及的五种。

咸是最重要的一种味道，主要用盐来调。陆文夫在《美食家》中曾说："盐把百味吊出之后，它本身就隐而不见。除非你是把盐放多了，这时候只有一种味：咸了。完了，什么刀功、选料、火候，一切都是白费。"可见，咸味可以让食物本身的味道发挥出来，盐作为最基本的调味必备，一直到清朝时期，都是国家垄断性行业，尤其在春秋战国之前，盐是十分珍贵的，不仅用于日常饮食，在祭祀和朝聘中也有很重要的作用。《周礼·天官·盐人》中记载："祭祀，共其苦盐、散盐。宾客，共其形盐、散盐。王之膳羞，共饴盐，后及世子亦如之。凡齐事，煮鹽，以待政令。"按照《周礼》的说法，周人在祭祀、朝聘、日常饮食上的用盐是不同的。苦盐、散盐、形盐这些天然盐，都很稀有，因此用在祭祀中以显示隆重。

盐不仅用于调味，更可以用来腌渍使食物保鲜，在做新鲜菜品的时候，腌渍的食物往往也可以加入作为咸味调和剂，因此在保鲜技术很差的先秦，这是重要的延长食物饮食期的方式。

　　酸味一般是通过梅、醯来调和，而我们熟知的醋还未诞生。梅在《诗经》中很常见，至于醯，在《荀子·劝学》中有解释："醯算而蚋聚焉。"在《论语·公冶长》中也有提到过"子曰：孰谓微生高直？或乞醯焉，乞诸其邻而与之"。可见，醯在当时是平民必备的一种调味品。

　　甘，与我们今天所理解的甜接近，但不完全一样，《周礼·天官·疡医》中有"以甘养肉"的说法，也就是用美味来滋润肉，"甘"的感觉是流动的甜的口感，所包含的不仅仅是甜，更多的是甜的变化过程，蔗糖在当时也没有，大概是东汉末年才有了红糖，唐代之后由印度传来了制白糖和冰糖的方法，因此，当时的甘更多的是源于自然食物。《礼记·内则》中有云"枣、栗、饴、蜜以甘之"，就是当时用这些来增加食物的甘味。

　　辛，与我们所理解的辣并没有太大的区别，都是食物给口腔舌头皮肉带来的刺痛感，唯一的区别在于，提到辛，似乎没有辣那样尖锐而强烈。明代之前，辣椒并没有传入中国，甚至连胡椒也没有，当时的辛味，则主要是用姜、桂、椒来调和。

　　苦味则是由酒来调和，按照《周礼·天官·疾医》中贾疏所说，酒味调苦之物，酒不但可以用来制作肉醢保鲜，还可以用来浸泡生肉，去肉腥味。

从最初的只调咸、酸二味，到春秋时五味的调和，人们对"味"的追求逐渐上升，调味与其他烹饪技法，比如火候、用料的时机与多少的把握共同组成了最初的烹饪科学。如《吕氏春秋·本味》有云：

> 夫三群之虫，水居者腥，肉玃者臊，草食者膻。臭恶犹美，皆有所以。凡味之本，水最为始。五味三材，九沸九变，火为之纪，时疾时徐。灭腥去臊除膻，必以其胜，无失其理。调和之事，必以甘酸苦辛咸。先后多少，其齐甚微，皆有自起。鼎中之变，精妙微纤，口弗能言，志不能喻。若射御之微，阴阳之化，四时之数。故久而不弊，熟而不烂，甘而不哝，酸而不酷，咸而不减，辛而不烈，淡而不薄，肥而不腻。

这段文字是伊尹所说，实际上也可以视为周代烹饪手法的一个总结。"味"在这时已经不单单是"五味令人口爽"的生理快感，即使是单纯口味之美的享受，所关注的也不只是味觉感受，而是一种处理方式，一种操作过程，烹饪与味道的调和似乎成了一种富有美感的社交仪式，体现出和谐所散发出的美感。

可以说，美味不仅满足了人在味觉上的享受，还与传统的

"五色""五声"一起，共同组成了一种给人带来愉悦享受的美感高峰。正如《荀子·王霸》中所说："故人之情，口好味，而臭味莫美焉；耳好声，而声乐莫大焉；目好色，而文章致繁，妇女莫众焉。"声、色、味抓住了人们适口、盈耳、悦目的感官愉悦，共同形成了当时人对"美"的定义——"和谐"。

关于追求口味之美最骇人听闻的莫过于易牙烹子以为美味而取悦齐桓公的故事了。易牙是春秋时齐桓公的宠臣，传说他做的菜非常美味，深得齐桓公赏识，但他急功近利，名声不太好。《史记·齐太公世家》里记载道：

> 管仲病，桓公问曰："群臣谁可相者?"管仲曰："知臣莫如君。"公曰："易牙如何?"对曰："杀子以适君，非人情，不可。"……管仲死，而桓公不用管仲言，卒近用三子，三子专权。

管仲认为可以杀子侍君的人过于残忍，不可能忠心，齐桓公却不听劝谏，最终酿成苦果。但一个人可以因做菜美味而得到赏识，也可见时人对于口味和美的追求之高。

易牙的故事并非个例，饮食之事对于政治的影响远不止于这一孤例，事实上，诸子百家对于美味调和与政治的关系都做过很深的思考。如晏子说："和如羹焉，水、火、醯、醢、盐、梅，以烹鱼肉，燀之以薪。宰夫和之，齐之以味，济其不及，以泄其过。"就是对饮食礼仪中食、舞、乐的综合论述，如果要单讲味的功能，那就是"味以行气，气以充志，志以定言，言以出令"。形成了"味—气—志—言—令—政"的饮食与政治的相关逻辑，简而言之，就是味和、气和、心和、政和。"美味"加入了更多个人偏好，政治、伦理的因素，成为了一种超生理的精神享受。

先秦食器大赏

如上章所述，在吃上，我们用的不仅是嘴巴和味蕾，也用眼睛。饮食文化中的美学不仅体现在味道的和谐上，更体现在对食物的装饰上，对美的追求仿佛是人类的天性，从石器时代开始，就有层出不穷的食器用来装盛食物。其中的一些，突破了时间和空间的限制，在漫长的历史长河中浮出水面，作为文物幸存下来，因此我们今天才可以一窥先秦古人社会生活的真相。

《礼记·礼运》中提到，"夫礼之初，始诸饮食。其燔黍捭豚，污尊而抔饮。蒉桴而土鼓。"郑玄注曰："污尊，凿地为尊也。"说明最初生产力不发达，还没有相应的饮食器具，只能掘地为坑。火的运用促使了陶器的产生，最初的食器大多是陶制，"釜""鼎""鬲""甗（yǎn）"，都是最早出现的陶制炊器。夏商以后，随着青铜冶炼技术的提高，这些器具渐渐出现铜制，庶民阶层仍然用陶制器物，而对于贵族阶层，食具不仅承担了日常饮食的作用，还在祭祀、丧葬、朝聘、讨伐、宴享、婚冠之中作为礼器，因此多采用青铜器具。这种"器以藏礼"的最典型代表，就是我们熟知的"鼎"。

鼎大致与现在的铁锅相当，本来是用来烹煮肉食，或者宴会时用来盛食物与汤的。一般鼎大多是双耳，圆腹，三足，也有方腹四足的。到了周朝，鼎摇身一变，具有了"明贵贱、辨等列"的意义。"天子九鼎，诸侯七鼎，大夫五鼎，元士三鼎或一鼎。"鼎还不是有钱就能买到的，是完全根据爵位来确定在祭祀中可以用几口，所以一般只有贵族才用得到，这也是俗语"天子一言九鼎"的由来。

同样用于烹煮的还有鬲和甗。鬲跟鼎相似，主要的区别在足部，鼎的足是实心的，鬲是空心的，用《汉书·郊祀志》的话说，即"盛馔用鼎，常饪用鬲"。一般鼎是束之高阁在重大宴会礼仪场合才用的，鬲就日常多了。甗相当于现在的蒸锅，主要用来隔水蒸物。它一般由两个部分组成，上面是盆状的甑，下面是鬲，中间部分叫箅，箅上都是通气孔。与西方的烤食不同，中国人在很早就开始用蒸的方法做主食，最大程度上保留了食物原始的味道。

用来盛饭菜和进食的器具种类就比较多了，常见的有簋

（guǐ）、盨（xǔ）、簠（fǔ）、敦（duì）、豆等。

簋和簠一般用来放煮熟的黍、稷、稻、粱一类的主食，簋一般是敞口，圈足，有的足下有座，或圆或方，有的腹部两侧各有一个环耳，部分簋上加盖，盖顶有一个圆形的抓手。簠则是长方形，有四个短足，有盖，盖和器身对称，合起来是一个整体，分开则是两个器皿。同样的，这两种盛器既是食器也是礼器。《周礼·地官·舍人》中有"凡祭祀共簠簋，实之、陈之"，《周礼·地官·饎人》则记载"凡宾客，共其簠簋之实，飨食亦如是"。同样作用的食器还有盨和敦，盨是从簋演化而来，一般是偶数组合的，形状是矩形圈足下面加四个短足，盛行的时间很短，大概在西周中晚期。敦则兼有鼎和簋的共同特征，上下对称，器身、器盖都是半球体，都有相同的两耳三足。在春秋中晚期比较盛行另一种高足浅口碗状的常见食器是豆，用来盛放熟肉、调味品和腌菜。盂则身腹敞口，比较大，有兽首耳或附耳，用来盛放液体食物。还有一种大盆叫鉴，用来盛水，当然夏天的时候还可以用来放冰。里面分为一个又一个格子，宴会上的酒也可以放在里面冰镇。

而盛酒的酒器也比较多样，且还分有煮酒器、盛酒器、饮酒器和取酒器，按照功能的不同有尊、壶、爵、角、觯、觚等。

尊，也叫"樽"，就是李白"莫使金樽空对月"里面的那个大酒壶，它在古代礼器中的地位仅次于"鼎"。比如，提到青铜国

西周"过伯"铜簋

西周"伯矩"铜甗

宝，一般都是后母戊鼎和四羊方尊这对组合，尊确实是祭祀时不可或缺的盛酒器。它体型较大，敞口鼓腹，有肩，圈足。而壶就比较常见了，一般高颈圆腹，有耳圈足。不仅可以用来装酒，还发展出了古代酒席上的娱乐竞技项目"投壶"。

用来喝酒的一般是爵、角、觯，根据身份的不同，用器也不同，爵是地位比较高的人使用的，角则是给大多数平民使用。《礼记·礼器》篇就明文规定："宗庙之祭，尊者举觯，卑者举角。"

这个时期青铜器的一个共同特点是，上面有很多铭文与花纹，除了装饰作用外，还表达着特殊的含义，或赞美前人，或给人以警示。另外不管是食器还是酒器，都有一个现在看来很奇怪的特点，它们都有三足或是高高的圈足，再不然就如簋、簠一类有高大的器座。其实背后的原因也很简单，因为先秦时期吃饭时既无桌，也无案，人们习惯席地而坐，食器放在面前自然要有高足。战国之后渐渐有了案，食器的足也随之变矮，到隋唐出现了高腿的桌子，人们改席地而坐为垂腿而坐，食器就只剩下了一圈圈足。商周时期也没有发明灶，烹煮都是直接架起火来烧，因此炊器下都有高高的足，用来在其下放置木柴烧煮。直到战国时期出现了灶，鼎就逐渐被淘汰，取而代之的是无足的釜，有足的食器渐渐被人们束之高阁，慢慢消失在了我们的视线当中。

贵族、平民饮食大不同

记得初中语文课曾经学过一篇《曹刿论战》，其中有段对话，如今想来依然印象深刻：

> 十年春，齐师伐我。公将战。曹刿请见。其乡人曰："肉食者谋之，又何间焉？"刿曰："肉食者鄙，未能远谋。"

意思是说，吃肉的人目光都比较短浅。这是为什么呢？那时候不像今天，不管谁想吃肉了，就可以吃上一顿。《国语·楚语下》有载：

> 天子食太牢，牛羊豕三牲俱全，诸侯食牛，卿食羊，

大夫食豕，士食鱼炙，庶人食菜。

用现在的话来说，也就是当时的最高统治者周天子，是可以吃祭祀天地的食物，包括猪牛羊，分封在各地的诸侯王主要吃牛肉，世袭的卿大夫可以吃猪羊，贵族吃的是鱼肉，庶民基本只能吃菜。因此统治阶层又被称为"肉食者"，相对应的，不吃肉的庶民则被叫作"藿食者"。

《说苑·善说》中有载：

> 晋献公之时，东郭民有祖朝者，上书献公曰："草茅臣东郭民祖朝，愿请闻国家之计。"献公使使出告之曰："肉食者已虑之矣，藿食者尚何与焉。"

这说的就是平民了。

在周代，天子作为最高统治者，饮食是最丰富的。按照《礼记·内则》所载，周王的日常饮食就包含六牲、七醢、七菹、三臡。基本上飞禽走兽没有什么是天子吃不到的。诸侯大夫的标准略低，按照《礼记·玉藻》中"君无故不杀牛，大夫无故不杀羊，士无故不杀豚犬"来推断，日常吃的应该是猪肉，不同于欧洲以牛羊为主。在农耕为主的古中国，牛是重要的劳动力，吃牛肉是非常奢侈的，即使士大夫也吃不到，即便祭祀的时候也只吃得到羊。士的饮食标准则更低，平常的食物应该是鱼，祭祀时才可以用到猪肉。更有《礼记·内则》载：

大夫燕食，有脍无脯，有脯无脍。士不贰羹、胾。

就是说：大夫吃饭时，鲜切的肉丝和风干的肉干只能二选一，士则不能有两种羹和肉块。

事实上，贵族阶层除了日常标配外，常有一些特殊的癖好。比如，周文王喜欢吃菖蒲做成的腌菜，齐王喜欢吃鸡爪，公仪休非常爱吃鱼。文王喜欢吃腌菜到什么程度呢？据《抱朴子》说："周文嗜不美之菹，不以易太牢之滋味。"宁愿吃腌菜也不想换成牛肉。一向视文王为道德楷模、时代偶像的孔子，对他这种不符合身份的喜好十分不理解。然而偶像的选择应是有特殊的道理。据《吕氏春秋·遇合》讲："文王嗜菖蒲菹，孔子闻而服之，缩頞而食之。三年然后胜之。"孔子起初一时难以下咽，三年之后才算适应，然而可以把偶像的行为坚持模仿三年。

自上而下的跨阶喜好虽然怪异，但可以被接受，但自下而上的嘴馋，在当时的后果就很严重了。因为饮食不单是果腹这么简单，在当时还被赋予了更多"礼"的含义，吃跨阶的美味珍馐，会被视为藐视权威的僭越。比如春秋时代的郑国，就因为公子宋和子家对乌龟汤的"染指"导致了一场弑君的惨剧。《左传·宣公四年》中有载：

> 楚人献鼋于郑灵公。公子宋与子家将见。子公之食指动，以示子家，曰："他日我如此，必尝异味。"及入，宰夫将解鼋，相视而笑。公问之，子家以告。及食大夫鼋，召子公而弗与也。子公怒，乃染指于鼎，尝之而出。

这就是著名的"食指大动"。在春秋时代，熊蹯、鼋鳖属于珍贵的美味，大概只有诸侯国君和周王才能食用，而郑国的公子宋因为没吃到而把食指伸入国君的鼎里蘸汤品尝，惹怒了郑灵公，灵公想要派人把他杀了，没想到公子宋先发制人，杀了郑灵公。

一般贵族尚且无法吃到一些珍馐美味，庶民更不可能有食用的机会。在等级森严的西周时期，庶人的饮食限定在"食菜"的标准，只有祭祀时可以吃鱼。按《诗经·豳风·七月》所载：

> 六月食郁及薁，七月亨葵及菽，八月剥枣。十月获稻。为此春酒，以介眉寿。七月食瓜，八月断壶，九月叔苴。

可见，郁、薁、葵、菽、枣、瓜、苴等瓜果蔬菜正是平民的日常食物。并且平民大多以粥为食。这时的喝粥不同于后世的以粥养生，是因为粮食匮乏不得已而为之，如果遇到天灾人祸，连粥都无法周济。平民的饮品也主要是水。当时没有受到重用的文士，生活就如庶民一样简朴，比如墨子"量腹而食，度身而衣"，他的学生们也吃的是"藜藿之羹"这类粗茶淡饭，孔子的得意门生颜回的生活甚至是"一箪食，一瓢饮，在陋巷"。圣贤们怡然接受的"疏食饮水""箪食瓢饮""啜菽饮水"的生活，正是庶民饮食生活的真实写照，与统治阶层的"食肉饮酒"形成了鲜明的对比。

虽然肉食基本是贵族阶层专享的食物，但是这种情况也不是绝对的，即使是在礼制森严的西周，平民阶层在特殊时期也可以吃肉。比如，周宣王在举行籍田礼时，为了显示恩惠均沾，普及万民，会将大牢食物与庶民分享。而到了东周，平民有了更多的食肉自由，比如《论语·述而》中谈到当时入学的学费时说："自行束脩以上，吾未尝无诲矣。"这里的"束脩"就是十脡为一捆的肉干。孔子这里的意思应该是指学费相当微薄了，所以可见，普通家庭是可以承担的。

虽然自天子以至庶民，饮食标准逐阶下降，但这种等级主要是在周王室强大的西周。到春秋战国时期，王室衰微，经济发展，饮食的等级已经不那么森严，西周时只有周王祭祀可以吃的太牢，到了春秋战国时期已经很随意了，随便一个会盟都可以用到太牢。而鼋鳖这些东西，到了战国末年，甚至可以在中原普通的集市就可以买到，当年可以引发郑国内乱的"异味"在百年后已变成平民之家可以食用的美味，不可谓不让人唏嘘。

庞大健全的食官系统

从蒙昧中走出的古人，由于生产力的低下，在最初对饮食的要求只是满足身体需要就可以，并不追求奇珍与俯仰周旋的礼仪。然而随着时间的推移，到了夏商，饮食就渐渐有一定的章法。据《墨子·非乐》记载，夏启在一次野餐时召集了很多人伴舞。以至于"万舞翼翼，章闻于天"，场面浩大，声音响彻天际。到了西周，饮食已不仅仅是物质需求，还是政治体系中很重要的一个环节。《礼记·王制》中提到"八政"之首便是饮食。从原料的供给、加工制作到礼仪生活，均有专职的官员负责。这一点从《周礼》中就可以得到印证。在《周礼》中，食官的地位很高，都属于"天官"一列，天官有多高呢？"廷分设六官，以天官冢宰居首，总御百官。"天官主要分宰官、食官、衣官、内侍几种，其中宰官是主政官员，食官在天官中地位仅次于宰官，可见食官的重要性。

根据《周礼》的叙述，周代的食官分工细致，包括膳夫、庖人、内饔、外饔、烹人、甸师、兽人、渔人、鳖人、腊人、食医、疾医、酒正、酒人、浆人、凌人、笾人、醢人、醯人、盐人和幂人等二十余种。各种食官中又有属下多人，分工合作，各司其职，总人数达两千多。

其中食官总管叫作"膳夫"，负责着王室日常和祭祀宴享膳食，虽然官阶仅为上士，但由于经常在周王身侧，所以是很有实权的。在诸侯国，也有"膳夫"，一般他们的职责除了操持膳食，还要负责饮食的安全，通常要侍食，在王侯进餐前，需要当面尝一尝每样馔品，保证安全无毒后，再呈给君王享用，王所用的食案都由膳夫摆上撤下，别人不能代劳。卿大夫以下其实也有侍食，只不过一般是由儿子侍奉，到春秋战国时期，也存在弟子侍食师长的情况，孔子同弟子周游列国的时候，其饮食都是由弟子侍奉的。所谓"一日为师，终身为父"，古时的弟子对师长尽到如子女一般的孝道。

除了膳食总管，每种食品都有对应的官职。负责肉食原料供应的是庖人。这个官职大概从夏朝就存在，一直到战国时代还有所谓的"庖丁解牛"。而庖人应该就是处理六畜生肉的官员。负责物料选择，制定周王食谱，宴会上肉食切割的官员称为饔人。另外还有兽人，管理着野兽和兽类制品的供应。《周礼·天官·兽人》载："兽人掌罟田兽，辨其名物。冬献狼，夏献麋，春秋献兽物。时田，则守罟。及弊田，令禽注于虞中。凡祭祀、丧纪、宾客，共其死兽、生兽。凡兽入于腊人，皮毛筋角入于玉府。"

甸师相当于农业部负责人，主要掌管粮食的收缴工作。下一个贮藏环节负责人则为廪人。而真正负责烹制饮食的厨师叫作"烹人"，主要负责"大羹"和"铏羹"的制作，祭祀和招待客人的时候，"烹人"是必须上灶的。醢人负责酸菜盐菜的腌渍，醢人负责肉酱的制作，负责饮料酒水的有酒正、酒人、浆人，掌管宴会供冰的是凌人，最特别的还有"幂人"，职责是掌供巾幂覆盖饮食，而且这一职位多达三十一人，一方面是出于对饮食卫生安全的要求，更重要的是，这也是一种礼仪要求。

因为王室的饮食通常还会涉及执行朝堂公务的官员。一般官府是开设"食堂"的，只要是到朝堂上班，都是包吃的。根据《周礼·地官·槁人》记载，留在宫中处理公务的卿大夫阶层的膳食是由饔人负责的，而另外在宫外朝堂办公的职官，是由槁人负责的。

那时候的伙食标准怎么样呢？比如齐国卿大夫的午餐标配就是两只鸡。当公务人员在外出差时，同样也有食宿保障，到战国时代，列国间的出使多了起来，相应的"传食"制度也慢慢形成。公务人员出差一般会拿着王室的印信。比如，湖南长沙出土的战国中期楚国传赁龙节有"王命命邂赁，一檐饮之"，檐就是担，意思是"楚王雇用从事驿传的人，楚国境内各地的传食，按照一担的食量供给传赁的饮食"。

其实在战国之前，沿途设置馆驿，供使者食宿的饮食供应体系就有了，甚至都邑内也都设有馆舍，为使者提供住处和食物。不过最初都邑之内的馆舍都是各贵族的庙堂，周人习惯将庙和寝造在一起，庙在寝室前。也就是所谓的政府大楼前庭办公，后院是公办招待所，使臣出访，都是住在宗庙，这种传统在春秋时还存在，但当时诸侯争霸，王权下移，称霸的诸侯通常都会修馆舍，供其他国来参加聘享活动的使臣居住。据《左传·僖公三十三年》记载，秦穆公派杞子去郑国做内应，在当地的客馆住了有两三年之久。到战国时代，诸侯国之间的出使相当频繁，使臣更是住在专门的馆舍，无须再住在庙堂。当时流行的新风尚是，国君和权贵在都城设置住宿饮食场所，招揽宾客为自己统一天下出谋划策，也就是所谓的"食客"。此时旧有的社会秩序早已被打破，有才学但衣食无着的士阶层通过教育的普及迅速扩大，各国为了富国强兵，开始招贤纳士，这些士人相当于高级打工仔，为老板们出谋划策、解决困难，或是在老板的资助下著书立说搞科研，充当间谍搞情报。最出名的莫过于当时战国四公子之一的春申君，豢养的食客达到三千人。

对于食客，权贵们都会划分不同的等级，每一级在饮食上的待遇皆不同。比如，孟尝君的食客居所分为传舍、幸舍、代舍三等，分别住上客、中客、下客，上客食肉，出入有车接送；中客食鱼，下客食菜，并且都不享受专车待遇。而寄食豪门之下的食客们，在保障了自己衣食的前提下，更有机会参与军国大事，效力于国家，操心军国大事的重担不再只是"肉食者"贵族的事，有才无产的"藿食者"也有了通过才学谋天下的途径。

扫码领取
· 美食文化探索
· 美食诗词赏析
· 走进地方美食
· 四方菜谱合集

六礼中的饮食

再杰出的人才也要先吃饱了才能考虑国家大事，温饱是礼仪、秩序等一切社会规则的基础。所谓"仓廪实而知礼节"。到西周时期，在基础温饱满足的条件下，礼仪就应运而生了。

按照《礼记·王制》的说法，周礼大致分为"冠、昏、丧、祭、乡、相见"六礼。然而"夫礼之初，始诸饮食"，自天子以至于庶人，想要完成任何一道礼仪程序，最终都绕不开饮食这道坎。

一、冠礼

周代的冠礼是士阶层以上的贵族男子年满二十岁时所举行的成人仪式，一般在冠礼结束的时候都有"醴冠者"和"醴宾"的礼节。在美国，年满二十一岁的居民可以喝酒，通常二十一岁生日都会开酒庆祝，在传统的周代就是如此。酒，象征着成年，在冠礼当天，大家都要喝酒庆祝。如果不能喝，也好办。"若不醴，则醮用酒"，就是行礼之后从正宾手中接过酒杯，轻轻洒到地面祭天，然后象征性地抿一点。

二、昏礼

昏礼比冠礼要隆重得多，从《仪礼·士昏礼》来看，周代的昏礼分为纳采、问名、纳吉、纳征、请期、亲迎六步，在亲迎之前的几个步骤中，女方家长每次都要设宴款待男方的使者，称之为"醴宾"。

在成亲当天，男方家要在黄昏时准备好牢，就是在鼎中备好肉食，娶亲返回后，两个人要"共牢而食，合卺而酳"。换句话说，从这一天开始，夫妻二人就是在一个锅里吃饭的两口子了，以后同甘共苦，一体同心。

昏礼后第二天，拜见公婆的时候也有很多饮食礼俗。新媳妇要拿着枣栗见公公，再拿着腶脩见婆婆。公婆要给媳妇醴。新妇要祭脯、醮，礼成后公婆在前、媳妇在后，一起吃饭喝酒。

那时的婚礼规模更多的是静悄悄地完成。甚至结婚的前三日都不能举乐，昏礼更多的是自家传宗接代的私事，并不是公开朝贺的宴饮。

三、丧礼

丧礼在当时的重要程度比冠礼、昏礼要重得多，也比今天的丧礼隆重漫长得多。用《礼记·昏义》的原话说："夫礼始于冠，本于昏，重于丧、祭，……"当时的丧期是很长的，父母去世属于斩衰，都要守丧三年，之后按照亲疏关系从齐衰、大功、小功，守丧期逐级降低。至于丧期怎么吃，是有明确规定的。

《荀子·礼论》篇载：三年之丧何也？……齐衰、苴杖、居庐、食粥、席薪、枕块，所以为至痛饰也。

这三年里，服丧的人要住草屋，睡草席，只吃粥饮水，酒肉不沾，娱乐不举以表达悲痛。这种严苛的丧仪一直到春秋都被严格遵守，但是服丧期长，实行起来也很难，这种饮食只是表现哀痛和怀念的一种方式，如果服丧者长期如此，的确会营养不良。所以一般如果服丧的人身有疾病，是可以沐浴、食肉饮酒的，病好后再继续服丧。

四、祭礼

上述的冠、昏、丧礼构成的是一个人人生的全过程，而"祭"则是人对历史和传统的继承了。所谓"祭礼"，就是对神祇、人鬼的祭祀。"国之大事，在祀与戎"，祭祀在周人，乃至再往远追溯的华夏人看来，可是最重要的事。华夏民族重视祭祀，这种重视从各种供奉的饮食中就可见一斑。即便在都没有吃饭器皿的远古时代，人们也可以用在石头上炙熟的米、肉和用手从土坑里捧出的水，和着槌鼓敲击的节拍向鬼神献祭，重点不在于食物有多精美，而在于献祭本身表达的敬意。这种敬意在"衣食既足，礼让以兴"的周代，体现为对祭品质量和数量的重视。

为了表达对天地的敬意，天子和诸侯要亲自去耕田，这种田又被称为籍田，当然王侯不可能每天都亲自耕地，但仪式还是要走的，籍田里最后的收获也需要特殊保存，放入神仓、御廪，由专门的职官管辖。在郊天和宗庙祭中，天子和诸侯还要亲自射杀牺牲，王后、夫人也要亲自舂米。

祭祀的牺牲除了牛羊豕三牲，还有打猎捕获的野生动物。一般作为祭品的牺牲必须干净壮硕，以示对神灵的尊敬。不同等级的人祭品选用不同，天子祭祀用大牢，诸侯用少牢，以此类推。

为了表示对祭祀的重视，在祭祀前，主祭司和助理们都要斋戒，暂停一切娱乐活动。在祭祀仪式结束后，祭肉要由上而下地分配，称作赐胙。天子、诸侯可以向下属分肉，这可是受到先祖神灵护佑的肉，因此赐肉也代表着将福祉自上而下地传递，获得赐胙代表着得到上级信任和嘉奖，反之，则是被国君疏远和轻视。比如，《孟子·告子下》中就描写过：孔子为鲁司寇，不用，从而祭，燔肉不至，不税冕而行。不知者以为为肉也，其知者以为为无礼也。孔子正是因为国君轻视，没有得到祭肉赐胙，才心灰意冷，官帽也不戴了。

五、乡礼和相见

乡礼主要是乡间饮酒和乡射，相见则分很多种，但不论哪些，涉及的都是宾主共欢的公共场合，虽然每一种都与饮食有联系，但对于饮食本身来说，不仅是零散地分布在礼仪程序中起补充作用，而且可以自成一体，归纳为通用的食礼。

最早归纳总结食礼的人是孔子。孔子是一个极其重"礼"的学者，但终其一生，也并未享受多少贵族身份的礼食，他自己的贵族生活基本上是在五十二岁到五十五岁在鲁国当大司寇的时间里，在之前和之后过的基本都是平民生活。因此，孔子所强调的"礼"不只是贵族之礼，很可能是三代以来公开宴饮场合应该遵守的规范。

规范一：宾主送迎相让

如果宾主身份相同，主人要到大门外迎接客人，客人身份低的话，主人在门里相迎就可以。进每一道门，主人都要请客人先进。到内门时，主人要先进去再检查下座席是否设好，然后出来迎接客人。客人必须两次推让，然后随着主人拾级而上，不可以越阶迈步。

规范二：布席之礼

座席尚左尊东一向是布席的传统，如果作为一排散布，则左边为上座；若围坐，则要问地位尊贵的客人意愿。若东西方向设席，则西方为上座；南北方向设席，则南方为上座。

规范三：进食之礼

大块的骨头熟肉放在左边，切成片的熟肉放在右边，饭放左边，羹放右边。饭羹放在近处，醢酱略远，左右放生葱和熟葱作为佐料，脍炙再远些。主人先食，客随主便，除了鱼腊醢酱之外的饭菜都要"祭食"。如果客人身份尊贵，主人要给客人敬酒。

食前必祭，不仅是在宴席当中，在日常生活中，吃饭之前也是要祭食的。

如果是从大食器里取食，手一定要干净，而且不能一次挖太多，大口喝汤，啃骨头，吃饭发出声响都不礼貌，只吃自己喜欢的菜肴，吃饭用箸也不行。箸在先秦是用于宴会上叉肉的。

规范四：饮酒之礼

如果主人是尊长，主人赐客人酒，当酒送到面前，客人应该向酒尊摆放的方位拜谢。当主人举爵但没有喝完时，客人是不能先干为敬的。主人赐酒，客人也是不能拒绝的。但是喝多少并不是一定的，如喝不掉，用"啐"的方式，抿一小口也不会被苛责。

实际上周人非常提倡节制饮酒，认为"终日饮酒而不得醉焉，此先王制所以备酒祸也。故酒食者，所以合欢也"，甚至提出了严格的禁酒令。

这些食礼，把每个人的身份地位，该干什么不该干什么安排得清清楚楚、明明白白。大家都在各自的轨道上运行，但是平王东迁后，王权逐渐衰落，食礼也逐渐瓦解。比如，贵族酗酒的问题就严重得多。子反因为醉酒，耽误了和楚王开会，使楚王在鄢陵之战中被迫撤退。齐景公更有"景公饮酒，七日七夜不止"的壮举。到战国时，酗酒这事已经被诸子百家拎出来上纲上线地谈论了，可见已经是很普遍的社会问题。

不只饮酒，在春秋战国时期，宴享也已经变成了一种道具，用来确立大国的霸权地位，一幕幕骨肉相残的悲剧都发生在宴会上，骊姬利用宴享阴谋除掉太子，赵襄子利用与代王宴饮的机会击杀代王，宴享早已失去了本意，用来维持稳定的饮食之礼，最终如其他制度一样就此崩塌，成为孔子口中无限痛惜遗憾的"礼崩乐坏"中的一员。

食精脍细：秦汉时代

脍炙人口：早期的烹饪艺术

火是饮食烹饪的根本。应该说，自从有了火，才有了饮食文化。在人学会用火之前，"茹毛饮血"就是饮食的真实写照。而在人类能够熟练用火之后，才真正有了烹调。其实单从字形上就可以发现：烹，在甲骨文中上半部分是一个寺庙的样子，是拿食物来敬鬼神的；下面是火，言外之意，食物用火烤熟即为烹。

最初的火烹法主要是烧烤。也就是我们所谓的"燔、炙、炮"之法。总的来说都是用火把肉烤熟，但具体操作有一些差别。炮一般比较粗犷，就是把整只动物放在火上烤，有毛的先去毛，无毛的则直接炮制。大概就是把肉包裹上泥或者茅草，然后烧炮就行了。像是我们吃的叫花鸡，就是炮制。

比炮略精细的方法是炙，炙也是把肉放在火上烧烤，但是将肉先切割成细丝小块，有的还可以穿串儿，再放在炉上烤，类似于我们今天的烧烤，肉的油脂随着火的加热渐渐渗出，辅以作料，焦香美味随着噼啪的火声慢慢散发出来，简直是天下至美之一。难怪孟子也感叹脍炙人口，比起黑枣，更爱脍炙。

炙品的种类很多，而且经典、不过时，烧炙的风气一路从远古风行到秦汉，高帝统一天下后，就经常炙鹅肝牛肚来佐酒。

炙品一般都是用文火烤的小块的肉、鱼或内脏，而用大火烤制的则称为燔。但战国之后，炙已经成为烤肉的代称，不管大小，只要是烤的，都叫炙。《齐民要术》里记载南北朝时，炙品就达二十多种。

在火上置石板或铁铛，再放入动物油脂用高温烹调到汁水蒸干的方法是煎，相反，保留食物的汤汁到黏稠的程度叫熬。所谓煎熬，真是放在火上慢慢地烤，时间颇长，也难怪后世总以此来比喻焦虑痛苦。

除了直接用火烤，古人还很早就学会了煮蒸之法。秦汉之前的大型祭祀宴享中，肉食大多用煮的方式，用水加热。比如《吕氏春秋·本味》篇即提道："凡味之本，水最为始。五味三材，九沸九变，火为之纪。时疾时徐，灭腥去臊除膻，必以其胜，无失其理。"

煮制的肉食，一般通过热水去腥膻，而后慢慢熬煮成羹。纯肉无调料做成的是大羹，配上菜则是铏羹，调料足、味道口感俱佳的则是和羹。

　　另外一种用火熟制法是蒸。早期的蒸都是用底部带透气孔的甑，将菜置于饭之上不加作料"清蒸"。相传到了汉高帝时期，韩信行军以竹木制作炊具，利用蒸汽烹熟食物，避免炊烟暴露军营位置，竹蒸笼就此诞生。别看蒸笼外表平平无奇，却可以最大程度上保持食物原汁原味，还可以保持蒸汽水不倒流。蒸物也从饭到菜都有。比如，秦昭王时出现了用面粉和面而成的蒸饼；到王莽代汉后，天灾人祸频频爆发，民不聊生，很多农民把粮食磨成米粉，拌和野菜蒸着吃，可以使难以下咽的野菜也变得美味起来，这种蒸菜法也叫"绿林菜"。

　　除了熟制，生食也是一直很盛行的。比如脍，一般是把牛羊鱼鹿肉切成细丝，拌上调料。所谓"食不厌精，脍不厌细"，就是这样来的。牛、鱼肉制脍必须要细切，下刀要快，切得越细的肉丝越入味。虽然用火熟制食物美味，但生肉在加以滋味后味道同样鲜美，所以生食法就保存了下来，直到现在，日本和我国一些少数民族地区，还是有食生肉的习惯。

　　鲜肉并不是时时都可以吃到的，那时候也没有冰箱保鲜，一般吃不完的肉，就需用脯脩腊等手段做成干肉，因为质地干燥，便于携带，成为居家旅行必备品，在先秦两汉的市场上买卖最多的就是肉脯。桓宽在《盐铁论·散不足》中就说："古者……不市食（不买熟食吃）。及其后，则有屠沽，沽酒市脯鱼盐而已。"

另外一种常见菜肴制法是菹，就是把肉切片后和葱醯调料腌渍后发酵，有点类似于酸腌菜。如果肉菜切得再碎一些就称为"齑"。大部分蔬菜瓜类都可以制作成齑菹，菹中所配的醯酱，也并非我们所理解的豆瓣发酵和肉而成的肉酱，而是去骨剁碎的肉用盐和酒腌渍浸泡百日而成。醯酱在魏晋之前几乎是配食必备，除了炙品外，吃其他食物多配以醯。此外还有一种酷刑就是醯刑，顾名思义，就是把人剁成肉酱。文王之子伯邑考就是被处以醯刑，纣王还把他做成肉羹赐予文王吃。孔子的得意门生子路也因卷入政治斗争而受醯刑，孔子因此死前再不吃肉酱。西汉的开国功臣彭越也在斩首后被处以醯刑。

到秦汉时期，肉食已经不再是士大夫阶层的专属了。按照《盐铁论》中的记述，"今民间酒食，燔炙满案，众物杂味"。在山东诸城出土的汉画像石上的庖厨图中也可以看到，画面顶部悬挂着各种肉类，似乎是在风干腊肉。下方有三人跪坐在长几前，手持长刀正在切肉，最右边还有三人在烧烤肉串。然而肉食毕竟不是主食，即使汉代也只有贵族才可以酣畅淋漓地吃，普通人吃肉的机会还是不多的。

百姓日常所食最多的依然是主食，"麦饭、饼饵、甘豆羹"是最常见的。优质小米制成的粱饭，是上层人士中最为常见的，麦饭则是中下层民众的最爱，其实"麦饭"只是一种泛称，并

辽阳棒台子一号墓庖厨图

　　画面描绘了 20 多人进行各种食材加工操作，如用铁杆穿烤食物、煺鸭毛、长刀肢解动物、切肉、屠宰猪牛等等。

不一定严格指用麦粒煮成的饭，许多时候饭里也夹杂其他谷类豆类。

但麦粒种皮坚硬，不太容易消化吸收，随着磨的出现，麦可以磨成面粉，面食逐渐兴起，中国也就此由"粒食文化"进入"粉食文化"。

春秋的人们会把小麦粉和水揉成椭圆形蒸熟，制成"饵"。入汉之后，面团制成的各种饼也成为人们喜爱的主食。开始是同"饵"类似的蒸饼，到东汉后，由不同方法做出的形态各异的"蒸饼""汤饼""胡饼""蝎饼""索饼"等依次出现。宋人黄朝英曾总结："凡以面为食具者，皆谓之饼，故火烧而食者，呼为烧饼；水瀹而食者，呼为汤饼；笼蒸而食者，呼为蒸饼；而馒头谓之笼饼，宜矣。"

汤饼，实际上就是面片汤，就是把和好的面团撕成面片，下锅煮成。《世说新语·容止》中说到何晏时就提道："何平叔美姿仪，面至白，魏明帝疑其傅粉。正夏月，与热汤饼。既但啖，大汗出，以朱衣自拭，色转皎然。"这则故事也说明了食汤饼的习俗。在汤饼的基础上，又发展出了"索饼"和面条。"索饼"就是手揉的宽面条，比索饼更细的就是一根一根揉搓捻引而成的面条了，这在当时都属于精工细作、费时费力的吃食，普通人家可是吃不上的。

东汉后，胡饼也成了晋冀鲁豫民众桌上的主食。"胡"，是中国古代文化观念中对北方和西方各族的泛称，也用来指称从这些地区而来的事物，如胡椒、胡桃、胡琴。胡饼其实就是芝麻饼，比传统的白饼略大，上面撒着芝麻，而芝麻，即胡麻，源于西域大宛，因此得名。这种美食风靡的程度不亚于当今的可口可乐，就连当时的皇帝也爱不释口，据《续汉书》讲，灵帝好胡饼，京师皆食胡饼，胡饼可谓最早风靡的"西餐"。

豆腐的出现

秦汉时期对未来中华饮食最杰出也是最光辉的贡献则是豆腐的发明。重口的麻婆豆腐，清淡的葱花豆腐，热气腾腾的白菜炖豆腐，清凉爽口的皮蛋豆腐，清早一碗的豆腐脑，晚餐一口的酱豆腐，街边一串油炸臭豆腐，晚宴一碟文思豆腐……不同的豆腐，口味差别很大，但无论男女老少，总有一款适合你。

千百年来，豆腐的起源一直与淮南王刘安联系在一起。

淮南王刘安（前179—前122）是汉高帝刘邦的孙子，与一般喜欢走马遛狗的富家子弟不同，刘安爱读书，主要研究方向是长生不老之术。他也募集了很多学者术士跟着一起研究，其中有八个著名的方士被称为"八公"，他们常在其封地安徽寿县的一座山中坐而论道，因此此山得名"八公山"。这座山非常有名，只不过并不像其他山因雄奇壮阔或寺院名胜得名，而是因前秦（352—394）与东晋（317—420）之间的"淝水之战"而载入史册。传说当苻坚登城望王师时，"见部阵齐整，又望八公山上，草木皆类人形"，这就是"风声鹤唳，草木皆兵"的由来。

传说刘安和这些方士是在某次炼丹时将培育过丹药的豆浆扔在一边，而这些豆浆在坑洼中偶然遇到石膏，相互作用下凝结成软固体，附近饥不择食的平民取回家煮了吃，才发现豆腐还挺好吃的。豆腐就这样"意外"流传了下来。而与其一样意外的是，刘安终因"阴结宾客，拊循百姓，为叛逆事"的罪名，被判谋反自杀。

即便淮南王刘安死了，但流传下来的《淮南子》和豆腐祖师爷的帽子却让他永远被历史铭记了。至于豆腐是否真是他发明的，并不一定。各行各业都有个响当当的名人作为祖师爷来充门面。梨园的祖师爷是最喜好唱戏的皇帝李隆基，教育界的祖师爷是边缘贵族孔子，做笔的祖师爷是会打仗的将军蒙恬，只有建筑业的祖师爷算是专业的建筑师鲁班。因此，这个最会研究养生的王爷大概如同其他行业一样，只是一个传说。

豆腐的真正起源一说源于五代，还有源于唐代的说法。在宋代之前，文献记载中至今没发现有豆腐的记载，自宋开始，豆腐就大量出现，宋人朱熹在他的《豆腐》诗中即说："种豆豆苗稀，力竭心已腐。早知淮南术，安坐获泉布。"这是最早的指明豆腐发明时间和制作者的文献了，大概因为朱熹的名人效应，这波广告打得效果奇佳，之后的学者基本都援引这个说法。1960年在河南密县打虎亭发掘的东汉晚期墓葬遗址中倒是有一幅关于豆腐制作的壁画，呈现了泡豆—磨豆—滤浆—点浆—镇压成型的全过程，汉代人多视死如生，所以壁画反映的应该也是墓主生前的生活场景。

更完整的豆腐制作工艺记载都是在元代之后了，李时珍在《本草纲目》中谈到做豆腐的方法："豆腐之法，始于汉淮南王刘安，凡黑豆、黄豆及白豆、泥豆、豌豆、绿豆之类，皆可为之。水浸，硙碎。滤去渣，煎成。以盐卤汁或山矾叶或酸浆醋淀，就釜收之。大抵得咸苦酸辛之物，皆可收敛尔。"

可以看到做豆腐的具体程序是：浸泡、磨浆、滤浆、煮浆、点浆。前面的都直白好理解，而"点浆"是什么意思？其实就是加入凝固剂。俗话说："卤水点豆腐，一物降一物。"这说法倒是跟刘安和术士发明豆腐暗相吻合，颇得炼丹术语的精髓。"点豆腐"的"点"大致就同术士"点金"法一样，加入少量的药剂，让物质起变化。所点的凝固剂是豆腐制成的关键。引文中提到的盐卤、酸、苦、辛之物就是这种凝固剂。盐、醋，甚至海水都可以用来点豆腐。同"点金"需要很多"母银"一样，豆腐的制作也需要大量的豆。

豆作为五谷之一，在绵长的历史中，一直是广大劳动者的主食之一。不同于贵族阶层，这些人基本食谷茹蔬度日，很少吃到肉食。按理说这么不平衡的饮食结构，长久下去必然不健康，但实际上整个民族的身体素质却没有因为肉类缺乏而大幅下降，原因就是豆类中有优质的植物蛋白。俗话说："贵人吃贵物，贱人逮豆腐。"豆腐只是豆子的衍生品之一，除了豆腐，祖先们早已开发出了琳琅满目的豆制品。

豆芽应该是先民最早开发的一类豆制品。因为豆芽极易生成，通过近土受湿，或是保墒浸种，都能出豆芽。因为豆子比黍难熟，在煮"豆饭"前总要浸泡，所以人们应该很早就发现了豆芽。最初的豆芽在《神农本草经》中被称为"黄卷"，并且可以入药。也有在宴席上称为"掐菜"的，就是掐头去尾只取中间的芽入菜。

周代的多种醢中应该就有用豆子发酵制成的豆酱和酱油，亚洲菜的灵魂在于酱油，增味、提色、生香无所不能。经过加盐发酵的更美味的则是豆豉，在漫长的历史中，各地区民族根据自己的习惯，制作出各种风味的豉酱，时至今天，最出名的莫过于北京的甜面酱、川味的郫县辣豆豉、广东的粤式风味豆酱。

豆浆几乎是人人都爱，可以称为东方牛奶，对于有乳糖不耐的中国人来说，豆浆简直是最好的营养饮料，西汉初期靠"卖浆小业"获利千万的饮料大王经营的就是豆浆了。到了唐代，豆浆更是和茶酒并列，成为三大饮料之一。豆浆还被好多女士用作美容方，比如著名的南京小吃"美龄粥"就是由豆浆熬制。

文火熬豆浆时，表面挑起的薄膜，晾干之后就是豆腐皮，有的地方也称"油皮"。后来所取的豆腐皮已经可以达到薄如纸、晶莹透明的程度，那些不那么透明的称为"腐竹"。用油盐凉拌的油皮，别称"人造肉"。

豆浆点后成为豆腐，如果点过不经加压去水，则是豆腐脑，天津一代也叫"腐花"，川滇一带则直接叫"豆花"。豆腐脑鲜软滑嫩，兑上美味的卤汁，就成了各地早点摊上必点三件套之一。至于口味，南方人喜欢加糖，再配上芋圆、蜜红豆这类甜品，北方则喜欢加盐，再配上肉末、香菇丁、黑木耳，淀粉勾芡而出，最后淋上些许辣椒油，差异不可谓不大。

就算豆腐，在长期的发展中也根据南北口味有所不同。山东河北一带一直使用传统的盐卤，做出的豆腐有种浓浓的黄豆香，更为敦实。江浙一带则多用石膏，豆腐更嫩滑，味道更淡。

豆腐不但可以直接吃，还可以深加工成各种品种，比如：熏制后的"熏豆腐"，冷冻过后的"冻豆腐"，煮制晾干的"五香豆腐干""豆腐卷"，经过油炸的"油豆腐""素鸡"，深加工发酵后的"腐乳"和"毛豆腐"，豆腐干切成丝则是淮扬菜中最具代表性的大煮干丝和烫干丝。腐乳是中下层人家喝粥佐饭的最佳拍档，正因如此，数百年来各地都有名优的腐乳制品，时至今日具有各式各样口味，如桂林的"白腐乳"、绍兴的"玫瑰红腐乳"、上海的"奉贤腐乳"、北京的"王致和臭豆腐"、黑龙江的"克东腐乳"等。"毛豆腐""臭豆腐"更是风靡各大城市的街头小吃，湖南长沙的油炸臭豆腐，徽州的油煎毛豆腐，远远闻着味道刺鼻，入口却欲罢不能。

豆腐技术随着隋唐时使者驾船越海，到了朝鲜和日本，朝鲜半岛是中国以外豆腐文化最丰富的地区，"豆腐扇""豆腐花""豆腐汤""豆腐盅"，甚至日常的大酱汤都离不开豆腐。在日本，豆腐为单调的料理带来了更多花样，还出现了嫩豆腐、玉子豆腐。虽然在西方的中餐馆也可以见到豆腐，但它在西方人眼中，始终是东亚的特色。

过午不食：一日两餐的时代

在中国，一提到吃饭，首先想到的就是一群人围坐在一张桌前，中间一盘盘菜，大家推杯换盏，一起分食，热闹又有烟火气，与西方每人面前一份餐食截然不同。但这种区别是唐宋之后才有的，在合食出现前，我们的祖先同西方一样，都是分餐。

周代以前的人习惯席地而坐，吃饭也是如此，这也是秦汉之前食器为什么都有高足的原因。饭食一般都放在俎案之上，一人一份。按《周礼·司几筵》中的注解："铺陈曰筵，籍之曰席。"筵要铺满整个房间，席则铺在筵上，质地更细软，供主客坐食，孔子曾说："席不正，不坐。君赐食，必正席先尝之。"在举办宴会时，菜肴都放在席前案上或直接放在筵上，后来的"筵席""酒席""一席之地"都因此而来。

《东观汉记》里讲孟光表达对夫君梁鸿的尊敬，每次吃饭都是将食案举到与眉毛平齐，传出了"举案齐眉"的佳话。

汉墓的壁画、画像石上经常可以看到人们席地而坐、一人一案的宴饮场面。例如，河南密县打虎亭一号汉墓画像石上，可以看到主人坐在方形大帐内，面前有一条长方形几案，案上托盘内放满杯盘。主人两侧各有一列宾客席，有就座交谈的宾客，还有侍者在案前服务。

《史记·项羽本纪》中描写鸿门宴上项庄舞剑，项伯常以身翼蔽沛公，正是由于主客分坐于不同方向的席位，中间有空地，才可以有舞剑这种危险性极高的娱乐项目，一不留神，刘邦极有可能真的成为俎上鱼肉。

除此之外，早期的男女不同席进食。《礼记·曲礼》记载："男女不杂坐，不同椸枷，不同巾栉，不亲授。姑姊妹女子，子已嫁而反，兄弟弗与同席而坐，弗与同器而食。"

这是普通人家的吃饭礼俗，如果是国宴，则男女更要分开，甚至是"男子在堂，妇人在房"。不过对于被视为蛮夷，风俗异于中原的楚越之地，男女混坐就稀松平常了。甚至在国宴中都如此。比如，楚庄王王后在一次宴饮中，蜡烛突然熄灭后被臣子调戏，她直接将该大臣的冠缨扯下，可见座位距离是很近的。

古代的餐制也与当今不同。在上古时期，为了配合田间劳作，都是一日两餐。甲骨文中称为"大食""小食"，分别代表早晚餐。早餐之后开始一天的劳作，晚归回来吃晚餐，典型的"日出而作，日入而息"。这时的晚餐与三餐时的"晚"可截然不同。按照殷历算，上午7—9点是"大食"，下午13—15点是"小食"。早餐吃得多一些，所以称"大"，中午没时间吃饭，晚餐后因为无所事事，所以吃得少一些。

到先秦，大部分平民依旧是两餐制。《孟子·滕文公》中提道："贤者与民并耕而食，朝曰饔，夕曰飧。"与先时无异，飧食又名哺食物，顾名思义，就是补充一下、少吃一点。一直到现在，中原一些山区乡村还保留着一日两餐，晚餐吃剩饭而不另做的习惯。

但在上层社会，贵族们早就悄悄地吃起了三餐。《周礼》中有"王齐日三举"的记载，一举就是杀牲吃大餐的意思，一般周王一天吃一顿大餐，到斋日里必须一日三举，三餐都要吃肉。《战国策》里也写道："士三食不得厌，而君鹅鹜有余食。"可见到战国时连士族都是一日三餐了。汉代之后，大部分地区都一日三餐了。东汉人郑玄对孔子"不时，不食"注解时就提到"一日之中三时食，朝、夕、日中时。"郑玄是按当时汉代人习惯来解释的，可见当时三餐应该是普遍的。

但到了今天，晚餐几乎成了大家减肥路上的一大杀器，一谈减脂就统统搬出古人"过午不食"的理论。不吃晚餐成了最受欢迎的减肥方式，但忙着种地的古人明明是不吃午饭。"过午不食"只是古代出家人的戒律之一，所谓的"午"就是11点到13

点，也就是说，过了 13 点就不能再进食了。为什么过午而食是非时食呢？佛教认为：清晨是天食时，即诸天天人们的进食时间；午时是佛食时，即三世诸佛如来的进食时间；日暮时是畜生进食的时间；昏夜则是饿鬼进食的时候。本着趋吉避凶的选择，古人不会选择在下午和晚上进食，因为那就等于是把自己与畜生和饿鬼归于同类。

但是当时没有什么娱乐活动，大部分和尚同百姓都是日出而作日入而息，即使过午不食，也不会过于饥饿。事实上，在上层社会，尤其是皇帝，甚至需要一天四餐，天子不但有早午晚餐，还有一餐"暮食"，大概在天黑月亮升起的时候吃。在早早说晚安入睡的年代，足可以称得上是"宵夜"了。

不吃汤圆的上元节

　　一提到过节，总是会感叹："每逢佳节胖三斤。"传统的节日似乎一直与吃紧紧联系在一起，端午又叫"粽子节"，中秋叫"月饼节"，上元又叫"元宵节"。在大快朵颐的同时，其实也蕴含了深深的文化传统。

　　作为以农业为主的国家，我们的重要节日都与农时息息相关。春夏秋冬四时节令，春播要过节，比如春节、清明，半收要过节，比如端午、尝新，丰收要庆祝，比如中秋、重阳。冬令要祈福，比如冬至、腊八，祈求上天保佑，风调雨顺又一年。

　　最重要也是最为熟知的"元旦"就是我们俗称的"春节"，是所有华人迄今为止认同度最高也最为隆重的传统节日。按照农历，正月初一，是"三元之日"，既是一年的开始，也是一季和一月的开始，所以这一天也叫元旦。辛亥革命后，采用了公历纪年法，每年1月1日定为元旦，而农历的正月初一就成为了"春节"。旧历中从腊月二十三到元宵节，都属于新年，最隆重的"年"是在旧年的最后一天到新一年的第五天，所以"大年三十"的除夕和"大年初一"的元旦最为热烈。

节前要置办各种"嚼果"，小年先祭灶，吃麻糖，要预备年糕、米饭、饺子、鱼、元宵这些有特别寓意的佳肴。除夕当天，家家户户都要吃年饭，因为一般是除夕日下午或晚上，所以也叫年夜饭。与平时不同，年夜饭是全家团圆的家庭宴会，没回来的人，吃年夜饭时也要给他留一个席位，摆上碗筷，图个团圆的寓意。

到了汉代，年夜饭大吃大喝的习俗就基本形成了，年夜饭上饭菜种类丰富，必得有酒有鱼，图的就是喜庆吉祥，年年有余（鱼），即使是小孩这一天也可以略尝一点酒，就是要图吃饱喝足的彩头。先秦时一般喝椒柏酒，到汉末便渐渐被屠苏酒取代，都是加入药材可以避瘟的药酒，主要为了讨健康长寿的吉利。"爆竹声中一岁除，春风送暖入屠苏"写的就是这种习俗了。有些地方还在除夕吃饺子，里面常常包有钱、糖、枣，寓意发财、甜蜜、早得贵子。饺子在东周时称"饼饵"，后来又叫"扁食"，因为除夕也是两年相交于"子时"，寓意"交子"，这种年夜时吃的面食才改叫为"饺子"。年夜饭一般要多做点，剩的饭根留在第二天吃，寓意"富贵有根"。

正月初一亲朋好友就开始互相拜年，一般要请客喝茶，留客人喝年酒，食年糕。年糕一般是糯米制成，谐音"年高"，有步步高升的寓意。喝年酒则是拜年最重要的环节，走亲访友和团拜都要聚一聚，吃个宴席。不论贫富，在这一天家家都是欢声笑语的。

正月十五是年节的最后一天，也叫元宵节、上元节、元夕节、灯节。因为这一天是满月，因此也象征了团圆美满。元宵节在远古时代就有，本是皇室祭祀太一神的，到汉代因为祭祀是在夜里举行，总要打着火把照明，所以元宵节通常都是晚上庆祝。真正平民也庆祝元宵节是从汉代之后。

汉高帝刘邦去世后，刘盈登基为惠帝，因为生性怯懦，大权掌握在吕后手中，吕后将娘家男子纷纷加官，女子嫁入刘家宗室，把朝廷变成了吕家的天下。吕后病死后吕家人怕被排挤，在上将军吕禄家中密谋造反，被齐王刘襄连同开国重臣周勃、陈平戡平，转而拥立汉文帝，开启了其后的"文景之治"。据称平定之日正是正月十五。为了庆祝"平吕"，文帝下令"张灯结彩，与民同乐"，元宵节也由皇家祭祀普及到了民间。东汉时佛教传入中国，当时公派去印度留学的蔡愔回国后在考察报告上写道：印度正月十五是参佛的良辰吉日，汉明帝为了弘扬佛法，下令这一天在宫中和寺院燃灯礼佛。慢慢的，民间制花灯和放灯也成了节日庆祝的一个环节。到中唐后，这一天已经变成全民狂欢节，开元盛世时的长安灯市规模大到燃灯 5 万盏，还有高达 150 尺的巨型灯楼。男女老幼这一天都可以上街逛灯市，当然集市上也不全是灯，还有一应杂耍唱戏吃食摊子。

至于元宵节这天吃元宵，也不是最早就有，而是在宋代才逐渐形成的风俗。南北朝时元宵节一般都吃荤油熬成的豆粥①，唐代要吃一种叫"面茧"的面食，面茧就是用面粉做成蚕茧的样子，供人食用。除了面茧，唐代风靡的小吃还有粉果和焦糙。粉果是一种由米粉制成的团子，内里带馅儿，经过油炸，就成了外酥里嫩的焦糙，这种炸团子应该就是元宵的前身。到了宋代，出现了用水直接煮熟的"元子"，焦糙和元子二合一成为了汤圆，吃汤圆也意味新的一年阖家团圆。

现代的我们一般只知清明，不知寒食。就像是春节和立春一样，寒食和清明的时间也很相近，一般寒食节是在清明节前的一两天。寒食节最为流行的说法是为了纪念介子推设立的，就是晋文公用错了求贤手段，本想高薪聘请人才，却不料介子推宁愿被烧死也不愿出山为官，晋文公为了利用一下人才最后一波价值效应，用寄托哀思的方式打了一波重视人才的广告。当然这可能是传说，真正的缘起应该是由周代的禁火旧制而来。春天易发火灾，因此周代有春季禁用烟火制度，禁火期间人们

---

① 《荆楚岁时记》又载："正月十五日，作豆糜，加油膏其上，以祠门户。先以杨枝插门，随杨枝所指，仍以酒脯饮食及豆粥插著而祭之。"

只能吃事先做好的冷饭，因此得名。清明节又名鬼节，与农历七月十五、十月十五一起合称"三冥节"，都与祭祀鬼神有关。大约到了唐代，因为两节相近，寒食与清明合二为一，寒食成了清明的一部分。节日内容主要是祭祖、踏青、挂杨柳枝、荡秋千。祭祖需设肴馔，祭拜完毕，子孙一般要"余"，就地将剩下的食物吃掉。有的地方，族人会在当天聚在一起，杀猪宰羊一起吃，俗称"吃会"。因为吃的都是冷食，一种适合贮存、酥脆的"寒具"应运而生。"寒具"又叫"馓子"，是一种油炸的面食，南方多用米粉和成，北方则用面粉。在江浙一带，人们还在清明前后采集野荠菜、青蓬，切碎拌入面粉中做成青团。

　　端午又叫"端阳、五月五、蒲午、龙舟节"，在农历五月初五，一直有赛龙舟，吃粽子、咸蛋，喝雄黄酒、菖蒲酒，挂香袋之类的习俗。粽子又叫"角黍"，是用泡湿的粽叶，包上糯米，加上用肉、豆沙、红枣做成的馅儿，包成三角形、方形或枕头形进行蒸煮。一般都说吃粽子是为了纪念屈原，实际上应该是后世的附会。在南朝《荆楚岁时记》中，粽子还是夏至的时令饮食，跟屈原没什么关系。应该是随着北方人不断南迁，经济重心渐渐南移，从北而南传遍全国的，只不过屈原正好是端午去世的大众偶像，集事业成功、理想高洁、命运悲剧于一身，简直是爱国主义和个人情操的天选，所以端午托了纪念屈原之名，在吃的同时加入了更多的寓意。

除了粽子，端午节还要饮雄黄酒，古人认为五月是恶月，蛇虫鼠蚁开始肆虐，因此大人为了驱邪避毒要饮雄黄酒，孩子的面额也要抹上。《白蛇传》中，白娘子因喝了雄黄酒现出原形，就是这个道理了。

中秋作为节日是古代敬月习俗的遗痕。在周代，中秋是迎寒和祭月的日子，到晋代才开始有中秋赏月的习俗，到唐代，赏月之风盛行，到了宋代才正式出台"中秋节"，这一天百姓们赏月送瓜。原来用于祭月的供品，也渐渐成了节日的吃食。

在农耕为主的中国，面粉和糯米制品在不同的节日被捏成特定的形状，承包了大部分节日吃食：春节的饺子、元宵的汤圆、清明的青馃、端午的粽子、重阳的花糕，还有中秋的月饼。

月饼在唐朝时应该还属于高端奢侈品，《洛中见闻》中曾记载，中秋节新科进士曲江宴饮时，唐僖宗令人送月饼赏赐进士。可见那时的月饼是稀罕物。到北宋时，月饼基本也只在宫廷流传。传说是直到元末，广大中原人民不满元朝政府的统治，朱元璋起义抗元，刘伯温为了防止官兵搜查，献计把"八月十五夜杀鞑子"的字条藏在饼子里，再分头送入各地起义军中传递消息，才推翻了元朝的统治。到了明代，月饼开始在民间正式流行起来。

月饼也随着地域饮食习俗的不同分化成广式、苏式、京式几种。"小饼如嚼月，中有酥和饴"说的就是苏式月饼。这种江浙一带的月饼又酥又甜，馅料紧实，轻咬即碎。广式月饼则皮薄馅儿大，口感松软。京式月饼则是北方典型的发面饼。月饼的"圆"与"团圆"相呼应，超越了食物本身，成了亲友互赠的佳品，承载了人们对节日的美好寄托。

除了上述节日，中国历史上还有一些节日，比如"人日""月晦""上巳""立春""重阳"，相关的食俗在此不再赘述。

总而言之，在节日里，食物不只是单纯的果腹之需，更是一种情感的寄托。自上古起，含蓄的中国人就习惯性地将诸多美好的心愿包藏在小小的食物中，在品尝香甜滋味的同时，我们消化的也是自己对未来美好的希冀和先人对我们最好的祝福。

饥荒与吃人

在人类为生存而奋斗的漫长历史上，或是出于食肉本能，或是出于自主选择，食人事件常有发生。

在原始社会，周口店北京人遗址的人头骨曾被砸开，可能是被吸取了脑髓，腿骨也有被砸开的痕迹。居住在这个山洞的人可能是个食人者。也有可能洞中人是捕不到猎物，而选择了吃人。

这种求生的本能导致的吃人屡次出现在文献记载中。《左传》中就记载过楚宋之战时，宋都被长期围困，城中粮草断绝，为了生存，只能易子而食。随后双方和解，宣布"我无尔诈，尔无我虞"，在尔虞我诈的春秋，虽说可能有夸张的成分，但吃人的情况必然是真实发生过的。

无独有偶，《史记·平原君虞卿列传》中也记载过秦军攻赵时围困邯郸的情形，邯郸官二代李同在吐槽平原君不作为时就曾提道："邯郸之民，炊骨易子而食，可谓急矣，而君之后宫以百数，婢妾被绮縠，馀粱肉，而民褐衣不完，糟糠不厌。"意思是，邯郸人已经用人骨当柴烧，互相交换孩子来解决生存问题，你这儿还歌舞升平呢。

易子而食，似乎是在极端情况下人们为了维持生存和社会道德之间的心理底线。毕竟"虎毒尚不食子"，建立了血浓于水的深厚感情的父母子女，是无论如何都难以过心理这道坎的。正因如此，"食子"也成了攻克敌人心理防线的诛心之计。

《太平御览》引《帝王世纪》中记载：

文王长子曰伯邑考，纣烹以为羹，以赐文王，曰："圣人不食其子羹。"文王得而食之。

纣王把姬昌儿子的肉做成肉羹，给不知情的文王吃下，用来摧毁他生之为人最后的道德底线。作为礼教治邦的华夏，吃人被认作是蛮夷和不知礼教的畜生才有的行为。比如，《列子·汤问》中讲道：越之东有辄沐之国，其长子生，则鲜而食之，谓之宜弟。

在时人眼中，吴楚越是蛮夷之地，因此关于他们吃人的传说也时常可见。

吃人的行为，不管怎么说，都被认为是违背常理的。比如，殷商最后一位统治者纣王，就因其残暴食人受到指责。对于批评他胡作非为的大臣，他用尽各种办法来烹烧：

据《韩非子·难言》记载：

文王说纣而纣囚之；翼侯炙；鬼侯腊；比干剖心；梅伯醢……

对文王，羹其子还算是杀人诛心，其他的大臣，则是身都没有了。翼侯被做成了烧烤，鬼侯被做成了腊肉，比干被剖心，梅伯被做成了肉酱……

纣王的食人常被后世人看作是野蛮残暴的典型，杀人已不能满足他对强权和所受抵抗进行报复的渴望，对尸体的侮辱，也成了表达愤怒的手段。

同样的行为，换了一种目的，换一种姿态，似乎就不是残暴，而被认为是可以理解的，比如，烹食人肉也被当作是报仇雪恨的手段。公元前682年，南宫万叛国，杀了宋国国君闵公与宰相华督，后作为逃犯跑到陈国。回国后，据《史记·宋微子世家》记载，"宋人醢万也"，即把南宫万剁成了肉酱。作为惩罚，烹烧达到严厉的程度。做肉干、腌渍跟烧汤比，明显严重得多，被食用也说明了死亡并非终结，远有比死亡更令"仇者快"的极端手段可以震慑人心。

对于受害者一方，食人肉通常不但不会被解释为残暴，反而让人觉得很勇敢。比如被纣王逼着吃下儿子肉做成的羹汤的文王，再如乐羊食子，注意，这个乐羊不是我们熟知的《乐羊子妻》里那个拾金不昧的乐羊，而是战国时魏国的一个将军，他的儿子在中山国做人质，结果两国打仗时，他的儿子被敌国做成了肉羹送到他的面前，乐羊明知是儿子的肉羹，还是喝了下去。他的行为符合儒家所提倡的"君臣大于父子"的观念，因此也常被后世认为是忠君爱国，将国家利益置于个人利益以上的典范。

但不同于被迫的食人，主动的烹子献肉却不被认为多么忠心。比如，齐桓公时期的易牙，为了表忠心，将还是婴儿的长子杀死并蒸了献给桓公。管仲则断言："人无不爱子，己子尚且不爱，焉能爱君。"

有趣的是，烹自己却在千百年来孔儒提倡的"孝"文化中备受尊崇。比如，介子推割股取肉给晋文公充饥被认为是"忠"，子女用肌肤或脏器做药引给父母治病被认为是"孝"。而且这些自我牺牲通常在后来的朝代越来越盛行，且受到官方和民间鼓励，如立碑立牌坊。"吃人"不再是用来表达恨，反而成为一种爱的延伸，成为"仁"最基本的表达方式。

虽然烹而食之在尔虞我诈的先秦政治舞台中经常被当作口头禅出现在史籍中，但不能否认的是，因为干旱、洪水虫灾、战争叛乱导致的食人很少有记载，但进入汉朝后，饥馑食人却被忠实、持续地记录下来。从汉至清的千年里，每个朝代都有因求生食人的事件。战争和叛乱又常与饥荒组合，成为王朝末日必不可少的套餐。比如，汉朝的篡权者王莽建立的新朝（9—23），终因"缘边四夷所系虏，陷罪，饥疫，人相食"，最终短命夭折。后汉时期，因为连年的灾荒和征战，山东、陕西、河南经常有食人的报道。"时百姓饥，人相食，黄金一斤易豆五升"。因为粮食太贵，这时通常也有人开始贩卖人肉。

如果说贩卖人肉还是饥荒时不得已而为之，那么贩卖人体器官和血液则更令人匪夷所思了。不知道从什么时候开始，人们相信人的身体发肤在治疗不治之症时，有着神奇的效果。比如，长期以来中国人相信吃人血馒头可以治肺痨。每次公开处决犯人的时候，在场的人都要哄抢流出的鲜血，有的时候还需要从刽子手手里高价购买。

虽然古人对"吃人"的态度都很矛盾，但却似乎都可以接受和理解。因此"吃人"，也成了在鲁迅的笔下中国古代的缩影，自我、麻木、残酷而不可救药。

魏晋

南北融合：魏晋时代

胡汉饮食的对立与融合

汉武帝建元二年（前139年），一个满怀抱负的青年人，带着一个归顺的"胡人"向导和一百个士兵，由长安而出，踏上了一路向西的外交之路。为了帝国基业长青，他此行任务艰巨，需要说服西域大月氏共同夹击匈奴。

十三年后，历经种种磨难的他虽未达成与大月氏的联盟，却打通了民族交往的通道，拉开了胡汉饮食文化交流的序幕，他的名字叫张骞。

张骞出使西域后，许多当地特产随着边塞贸易先后传入内地，胡食之风，就这样一刮刮入了中原腹地。从最初的胡麻饼在大汉腹地遍地生花，到隋初的坐胡床、吃奶酪，中原一路"胡"化得彻彻底底。

"胡"字辈的东西在中国人的餐桌上可不少，大凡带"胡"字的食材，多多少少都与西域有一点关系，如胡椒、胡萝卜、胡麻、胡蒜（即大蒜）、胡荽（即香菜）、胡瓜（即黄瓜）、胡桃（即核桃），大多是两汉南北朝时期从西域传来的，是最初进驻中华饮食界的外来物。而到唐宋经由丝绸之路由更遥远的西方传入的，则多为"番"字开头，如"番茄""番薯（即红薯）""番石榴"。到了清朝，航海发达，加之满洲人自身避讳自己是外族，外来食物都改叫"洋"，比如洋葱、洋芋（即土豆）。因此，很多外来食物从名字上，就可大致断定其年代辈分了。

最早随张骞带回的莫过于"葡萄"与"石榴"，葡萄初传入时，应该只属于上层社会，及至北齐时，李元忠曾赠予世宗一盘葡萄，得到的回赠却是白缣百匹，足见葡萄的珍贵。随着魏晋少数民族的内迁，葡萄也开始在洛阳、长安一带种植。另一种与"葡萄"并称的便是"石榴"。据考证，石榴应该源自中亚的伊朗、阿富汗一带，其时该地名为"安息"，所以又叫安石榴。与葡萄一样，石榴既可以吃，也可以酿酒，除此之外，石榴比葡萄更讨中原人喜欢的地方在于它火红的花蕾，凭着美丽的花型，石榴单品在时尚界叱咤风云，石榴花、石榴裙、石榴钗从南北朝一路流行到清朝。凭着谐音寓意，又在文化圈长期走红，石榴多子，因此常被当作婚嫁吉祥物，又与"留"同音，常在送别中送亲友。

比如到隋朝，魏彦深仍有《咏石榴诗》："晚萼散轻红，影入环阶水。路远无由寄，徒念春闺空。"只是到唐之后，送别时渐渐不送石榴，而改送柳枝。

如果说汉代的胡风还是"随风潜入夜"，只限于少量菜蔬的传入，只有上层社会接触得到，到南北朝时，胡风在中原腹地已经是彻底地"润物细无声"了。这一时期，中国进入历史上有名的动荡时期，当时各方势力连年割据混战，各民族人口开始频繁地迁徙流动。匈奴、羌、羯、鲜卑等边疆人口开始向中原聚集，汉族王朝则在"八王之乱"之后，渐渐分崩离析，走上永嘉南渡之路，此后每一次大的政治变动，如祖逖北伐、淝水之战、刘裕北伐、北魏南侵，都有一次大规模的人口南迁。民以食为天，随着人口一起流动的，还有习惯和口味。曾经在猎猎北风中的胡人食俗，像冷空气一样，随着南迁的脚步，一点点涌向中原，最终同当地的暖流互相影响，逐渐融合成了新的口味。

永嘉之乱后，原本聚居在内蒙古科尔沁的鲜卑人随着政权的更迭进入河北、山东、山西、河南，其中最著名的一次莫过北魏孝文帝从平城迁都洛阳，最终全面"汉化"，被熟知的仅剩仙侠小说中慕容、拓跋、独孤、宇文这些诗意浪漫的复姓。而从汉代就开始内迁的南匈奴则随着石勒后赵的建立，彻底与河北、山西、山东一带的汉民融合。据《晋书·慕容廆载记》记载：中部慕容氏在元康四年（294）移居大棘城（今辽宁义县西北），"教以农桑"。虽然少数游牧民族在胡汉杂居中渐渐接受种地务农的生活方式，但刻在骨血里的"食肉饮酪"才是他们的最爱。这种喜好随着胡汉的杂居交流，慢慢在北方的汉族中也普及开来。《洛阳伽蓝记》中记载：

> 肃初入国。不食羊肉及酪浆等物。常饭鲫鱼羹。渴饮茗汁。……经数年已后，肃与高祖殿会食，羊肉酪粥甚多，高祖怪之。

王肃，字恭懿，曾在南朝齐任秘书丞，好饮茶及食莼羹，后转投北魏，从南京跑到大同，刚开始每天只喝鱼汤，多年后，却也好食羊肉、酪浆。可以看得出，传统的鲜卑食物羊肉和酪浆在汉人里经历了不适到适应的过程。

酪是典型的北方食物，其实就是发酵过后的奶制品，主要是牛羊马的乳汁所作，有液态的，也有固态的，液态的就是类似马奶酒之类的奶制饮品，固态就有点类似当今的奶酪。在游牧民族占多数的北方地区非常常见，但却不是农耕为主的中原人能轻易吃到的。例如，三国时期有人送给曹操一杯酪，他都要与下属一起分享。珍贵是一方面，也有可能是太难吃了，味道他难以接受。因为《笑林》中就记载过：

> 吴人至京，为设食者，有酪苏，未知是何物也，

强而食之，归吐，遂至困顿。

说的是：有江苏人到南京城里，有人招待他吃乳酪，他也不知道他也不敢问，尴尬而不失礼貌地吃了，结果回去吐到虚脱。当然也有可能是，以五谷为主食的汉人，大多乳糖不耐。比如，《世说新语》中也记载过：

陆太尉诣王丞相。王公食以酪。陆还，遂病。明日，与王笺云："昨食酪小过，通夜委顿。民虽吴人，几为伧鬼。"

大书法家陆玩被丞相王导请去吃乳酪，估计因为乳糖不耐，拉肚子拉了整整一夜，写信给王导说，自己差点没死掉。但是随着永嘉南渡的北人南迁，食酪的风俗确实北风南渐。

在各种酪中，以羊酪最为常见，常被北方人视为珍品。王武子曾在陆机拜访时拿出羊酪招待他，席间还扬扬得意地问："卿东吴何以敌此？"当然陆机不甘示弱，回答说"有千里莼羹，未下盐豉"。国力较量是一方面，更重要的是，南北方人各得其乐，口味差之千里。

这种饮食差异，不只是作为长期生活实践融入人们本身的习惯与记忆，更是南北方政权在政治、军事上对抗的延伸。入主中原的北方游牧民族在政权上嚣张气焰凌驾于汉人之上，却无法撼动南方人对饮食的坚守。魏晋时的莼菜味道几何，如今已不得而知，我们只能从那时的文字记载中管窥一二，但看代言人张翰"因见秋风起，思吴中莼菜"，陆机一句"千里莼羹"赛过王武子的羊酪，应是相当美味的。对于出使西域的南方人来说，饮不惯酪浆，吃不惯野肉，螃蟹和莼菜才是让他们难忘的南方家乡滋味，也是他们内心认定的华夏文化的纯正代表。

前面主要谈到中原受胡人饮食的影响，其实这种影响是相互的。魏晋南北朝，由于各民族之间接触的频繁，不论从烹饪技术还是饮食方式都互有渗透，最终逐渐融合成一种全新的混合体。

从前，少数游牧民族的饮食代表就是"羌煮貊炙"和"胡炮"，这种炙与汉族传统意义上的炙区别很大，基本就是烤到三成熟。比如，《太平御览》卷四七五引《东观汉记》："羌胡见客，炙肉未熟，人人长跪前割之，血流指间，进之于固，固辄为啖，不秽贱之。"不是所有炙品精切细作，烤好后装盘供应。这种简单粗暴的胡炙让汉人很难接受，换句话说就是他们觉得胡人还处在"茹毛饮血"的阶段，离"礼"相去甚远。毕竟烤肉这种高大上的食物，在汉人的认知中还是奢华与品质的代名词，总得吃得讲究点，但对胡人而言，却是各大阶层的日常饮食，囫囵吃着将就点。

随着胡汉交流增多，胡人味的调和、炙的手法慢慢被汉化，

魏晋双耳陶壶

辽酱釉扁身双孔有盖鸡冠壶

烤串、牛羊、猪肝这些在炙烤前统统要放在豉汁中浸泡入味，然后再烤制。以牛羊肉为主的少数民族也慢慢地开始接受猪、鸭、鹅、鹿、鱼、虾了。而以猪肉为主要肉食消费的汉族群体，也开始接受羊肉制品。比如，曾经风靡一时的"胡炮肉"，一般是将刚满周岁的小羊，用刀剖开取出羊肚，将白净的一面朝里，把羊肉切成细丝或小块塞入肚中，配上盐、葱白、姜、胡椒、浑豉，用火把细沙煨得滚烫，把羊肚埋进沙中继续烧火。大约半个小时后，鲜香滑嫩的胡炮肉就做好了，这种做法不同于煮、炙，但炮这种做法在中原流传已久，这时出现"胡炮"的说法应是因用了胡料，且炮制的是胡族常见的牛羊肉。

此外，中原常出现的酱也发生了变化，以动物为原料的酱比前代增加了很多，《齐民要术》提到牛、羊、猪、鹿、鸡、鸭都可以做酱。除了家禽，鱼酱在南方也非常受欢迎。

饮食这件事，本就是习惯成自然，在饮食融合这件事上，魏孝文帝的态度非常有代表性，他认为不用纠结汉化还是胡化，只要秉承着顺其自然的态度就好。他甚至在某次给大臣的宴会中用"习"做谜面行酒令："三三横，两两纵，谁能辨之赐金钟。"用来开导对汉化心存疑虑的大臣。

其实不同的饮食习惯只要有接触就会有交流和创新，汉族精细的烹饪技术，尤其是对刀功、火候和调味的掌握，在遇到游牧民族大量的肉食时，能将肉做得芳香四溢，醋、酒、姜、桂皮的运用将原先腥膻的牛羊肉变得更为可口，让更多人接受，而在改变的同时，合璧诞生的新食品更是层出不穷，如各种新兴的面食。

随着水磨的出现，麦类的加工变得精细了许多，由面粉制成的饼食发展迅速。蒸、煮、烤、烙、油炸的面饼层出不穷。晋人曾有《饼赋》，其中提到数十种面饼：安乾（馓子）、纠耳、狗后、剑带、案成、馒头、髓烛、薄壮、汤饼、牢丸等，北魏人贾思勰的《齐民要术》中面食记载则更多，数量达到二十余种。

除了在汉代就已出现的汤饼、蒸饼外，还流行起了烧饼、髓饼和乳饼之类的新花样。不过这时的烧饼与今天大不一样，如今的烧饼更像当时的胡饼，因为在传统的汉饼制作中，一般都是用金属质的"铛"烙成。比如，传统的"鸡鸭子饼"（类似今天的煎鸡蛋）、"豚皮饼"都是用"铛"，许多地区今天仍在用电饼铛烙饼，而胡饼则是在大铁皮桶里套上黄泥的胡饼炉里，将饼贴在炉内高温烘烤熟。当时的烧饼制作更倾向于汉式，是一种有肉馅儿的发面饼，把熟肉馅儿用发面饼皮包来"炙之"，在有钱人请客宴会中最常出现。髓饼是用动物的油脂和蜜糖和面制成，然后放入胡饼炉里烤熟，有点像是烤面包。这种饼只比简单的"白饼"多了点动物油脂，在用料上可比烧饼单调了许多，但贾思勰特别提到了它的制作工艺，既不是蒸，也不是炙，而是要"著胡饼炉中，令熟"。虽然不说是胡饼，但做法却是胡、汉风格皆有，可以说是一种胡汉结合体。乳饼，就是彻彻底底的胡汉结合了，就是用牛羊奶和面，做出的饼"入口即碎，脆如凌雪"。即使是不能接受牛羊酪的汉人，也可以接受乳饼。还有一种被称为"膏环"的油炸饼，就是用稻米粉制成面团再用油煎，这应该就是炸油条的前身，只不过油条是将米粉换成了面粉。

另外，发酵技术更加成熟，人们学会用酒曲发面，《齐民要术》里就记载了发酵的具体方法，"面一石，白米七八升，作粥，以白酒六七升酵中。著火上，酒鱼眼沸，绞去滓。以和面，面起可作。"这时出现的"馒头"在其后一千多年一直在中国饭桌的主食界占据半壁江山。相传，"馒头"的出现还与诸葛亮有关。

宋人高承在他写的《事物纪原》曾描写了馒头的起源。当诸葛亮带兵征讨孟获的时候，有人对诸葛亮说："蛮人惯用邪术，他们在作战之前，总会杀人，用人的头来祭祀神灵，以此希望神灵借阴兵来帮助自己，丞相，你也可以这样做。"诸葛亮听了以后拒绝了这个人的请求，诸葛亮就将羊肉、猪肉切碎，然后用面包之，并做成人首的形状，当作祭品来代替"蛮"头来祭祀神明。当时的馒头，正像是今天的肉包子。

从史书来看，三国时期的蛮人的确有杀人祭祀神灵的做法。比如，诸葛亮自己所写的《南征表》就有这样的描述。因此这一说法倒有三分可信。可以确定的是，到魏晋时，馒头确实是一种祭祀食品。《饼赋》中记载："三春之初，阴阳交至，于时宴享，则馒头宜设。"惊蛰、春分象征着冬去春来，在此时举行宴会祭享，陈设馒头预示着一年的风调雨顺，联想诸葛亮南征回师，也正在三春之际，这风尚确有纪念诸葛亮凯旋的意义。

实际上，魏晋南北朝时面食的增多也跟各种祭祀分不开，比如"人日"要吃煎饼，寒食节要吃寒具，冬至要吃汤饼。节日的食俗让面食发展得更快。

这一时期不得不提的另一大创新就是炒菜这种烹饪方式了，虽然现在家家户户日常都吃炒菜，旺火热油一口锅，炝炒、生炒、小炒、熟炒层出不穷，不过是在锅中放入少量的油当介质，把剁碎的肉类、蔬菜倒入锅中加各种调料翻炒，但在南北朝之前，没有炒菜的原因主要是既没有锅，也没有植物油。前代菜的制作主要是蒸煮和腌渍。鼎、甗、釜是常见的炊具，而锅即使在南北朝也是罕见的，只有一些食肆酒肆中才见得到，炒菜也就成了一门绝活儿。另一难题则是油，植物油进入中国人的视野应该是在张骞出使西域之后，那时他才带回了胡麻油，此前动物性油脂占主导地位，连化妆品用的都是动物性油脂。但到了南北朝时期，白苏子、胡麻、红蓝花、芜菁籽之类的油料作物的培育有很大的发展，还专门出现了一些榨油作坊，人们终于发现，植物油所具有的香气用来烹调别有滋味。

和尚吃素的开始

　　与植物油相伴而生的是素食的兴起。素食，顾名思义是与荤食、肉食相对而言的，最大的特点是原料选择上的"素"。《辞源》中对"素"的解释是蔬食。其实素食在两汉之前已经存在，老百姓非年节吃肉的机会不多，大部分时间都是蔬食，官宦贵族虽日常吃肉，但在祭祀典礼之前，通常要斋戒茹素来表达对祖先和鬼神的敬畏，但对于素食的推崇和提倡，直到南北朝才渐显端倪，这又是为何？

　　这不得不说由汉末而始，日渐兴起的佛教之风。据记载，佛教的传入大约在西汉末年，在传入的初期，主要依托黄老之学，阐发佛理。到西晋时，长达十六年的"八王之乱"加上"永嘉之乱"，人们的生活几乎被战乱、天灾人祸所充斥，对来世和彼岸的期盼催生了佛教的兴盛，直到东晋南朝出现了"南朝四百八十寺"的兴盛局面，佛教在中国彻底地扎下了根。其实佛教传入之初，戒律中并没有说不能吃肉。至少三国时，佛教寺院都没有素食的要求，僧人只要剃度就好。比如，《三国志·吴书·刘繇传》中记载："笮融者，丹阳人，初聚众数百，往依徐州牧陶谦，谦使督广陵、彭城运漕，遂放纵擅杀，坐断三郡委输以自入，乃大起浮屠祠，以铜为人，黄金涂身，衣以锦采，垂铜槃九重，下为重楼阁道，可容三千余人，悉课读佛经，……每浴佛，多设酒饭，布席于路，径四十里，民人来观及就食且万人，费以巨亿计。"由此可见，当时佛教中并没有谈到不可杀生、戒断酒肉。到魏晋时，流行的已经是大乘佛教那一派了，而大乘经典，比如《楞伽经》《楞严经》《涅槃经》的翻译本中，"酒为放纵之门""肉是断大慈之种"的教义屡见不鲜，这种思想跟当时士大夫倡导的"仁孝"不谋而合，因此，茹素、不杀生便渐渐成了和尚的餐饮标配。

如果给吃素推广做个排名，那第一必须是忠实的佛教拥趸梁武帝萧衍。在无数个午夜梦回的夜里，他大概都在感叹，如果再给他重来一次的机会，他会选择出家当个和尚。这话可不是随便说说的，他是真的四次出家，大臣们一次次花大价钱把他从寺庙里赎出来。直到最后他发现既然没机会出家，那就多建造点佛寺吧，结果"都下佛寺五百余所，穷极宏丽，僧尼十余万，资产丰沃。所在郡县，不可胜言。道人又有白徒，尼则皆畜养女，皆不贯人籍，天下人口几亡其半。"（《南史》卷七〇《循吏传》）因为寺院是个好地方，既不用服兵役，还有补贴，相当于铁饭碗，一大半的人干脆都不上户口了，跑去出家当俗家弟子，还有尼姑养着养女，天天给穿绫罗绸缎，因此朝廷只能下令，出家人一律都吃素。

禁令一出，梁武帝就率先自己打样，他本人"日止一食，膳无鲜腴，惟豆羹粝食而已"。每天就只吃一餐，都是粗茶淡饭，很有苦行僧的架势。佛教徒们或主动或被动地遵守着禁令，出家人茹素的习惯就这样慢慢形成了。

僧人常吃的素食早餐一般为粥食，在晨光初现时吃，午餐则吃饭，大多在正午之前，晚餐也是粥，配菜则是瓜果蔬菜、菌菇豆类，主要有韭菜、胡芹、紫菜、葱姜、冬瓜、越瓜、汉瓜、瓠、茄子以及木耳、蕨菜和一种被称为"地鸡"的菌类。晚餐也被叫作药食，只有生病才吃，正常则是"过午不食"。一般寺中都有集体的斋堂，吃饭时都会敲钟提醒，按人数供应，饭前需念经为施主祈福，然后才可以进食。简单的饭食本身就成为修行的一部分。

众多的寺庙终日香火不断，前来祈福的信徒香客总要解决上香吃饭的问题，因此，寺院除了自给自足，还要给各个阶层香客提供餐食，素食的风气就这样走出了寺庙，也走向大众信徒。无独有偶，对素食的青睐不仅仅是佛教的影响，当时北方少数民族入侵，战乱不断，士大夫们随着北伐的失利，对入世的儒学政治失去了信心，开始跟起了"田园将芜胡不归"的避世之风，谈玄论道成为了主流。而玄学的清谈与素食的清淡搭配起来毫无违和感，因此，素食也就顺理成章地成为南方士大夫推崇的饭食。与荤食令人发燥不同，素食使人清心寡欲，太适合文人清高、归隐、淡泊宁静的风骨塑造。另一方面，不吃肉的南方士族们与蛮夷的日啖牛羊三百斤的野蛮形成对比，素食，成为了战争失败的南方人的一种文化新姿态。因此，素菜在炮制上大有文章，制作精美的素菜日渐涌现出来。据《梁书》记载，当时建业寺中有一位僧厨，素菜技艺非常高，可以"变一瓜为数十种，变一菜为数十味"。依托豆皮面筋做出来的素鸡、素鹅就这样诞生了，为了满足色香味俱全，这些菜品往往从切工、调味到上桌装盘、造型都有所讲究。

《齐民要术·素食篇》记载的十一道素食中，原料用刀功切成型的有片、丝、条、段、粒、末等多种，比如葱韭羹要"下油水中煮，葱韭五分切，沸俱下。于胡芹、盐、豉、研米糁——粒大如粟米"，比如"蜜姜"则是把姜切成像计算用的筹一样。

在烹调上，方法也比较多样，蒸、煮、焦、煎、汤炸等，比较特殊的是"焦"，这是一种蒸煮结合的方法，也是素食用的最多的一种，《齐民要术》记载的有四道都是直接用焦法命名，有焦瓜瓠、焦汗瓜、焦菌、焦茄子。这种方法一般是在铜铛中铺一层菜，再加一层作料，这样交替铺几层直到铺满，加一些水，然后再放到火上蒸。所用的调味料有天然的葱、姜、花椒、橘皮，也可以有豆豉、浑豉、盐，因此味道醇厚多变。

在造型摆盘上也很讲究，如膏煎紫菜："以燥菜下油中煎之，可食则止。擘奠如脯。"就是把熟紫菜撕开后，像脯一样铺在盘中。在这十一种素食上还有一个比较有特色的吃食，叫作"酥托饭"，是一种用白米和酥油等原料烹调而成的饭。其做法为：

"托二斗，水一石。熬白米三升，令黄黑，合托，三沸，涓漉取汁，澄清，以酥一升投中。无酥，与油二升。"这种饭，味道非常香浓。从中不难看出，当时素食菜肴的"色、香、味"都已经发展得相当成熟，延续至今的素食风味在1500年前便已经初现端倪了。

"长生不老"吃什么

在素食的推广中，玄学作为配角就已出场。在战乱频繁、瘟疫横行、朝不保夕，人生如朝露，生命若云烟的汉末，儒家"兼济天下"的抱负早已不是社会的主旋律。士人建功无门，开始向内找寻人格价值，谈玄论道。建安时期，玄谈成为步入仕途的方式，两晋时期，玄学又成了明哲保身之道。倡导"无为""自然"的清谈玄门除了和佛教一起推广素食，还在饮食上开辟了另一蹊径——"服食"。

不同于佛教所企盼的"来世"，土生土长的道家依托的玄学强调的是内在现世的"精"与"神"，延长现世生命，追求长生不死才是其主要目标。为了达到这一目标，吃就非常讲究了，简单地概括就是需要"辟谷"与"丹药"。

所谓的"辟谷"又称断谷、休粮。谷既包括粮食也包含蔬菜，辟谷就是不吃东西。为什么要回避谷物呢？道教认为，人体中有三虫，也叫三尸，它们在人体中靠谷气生存，人如果不吃五谷，这种虫也就不能生存，人体内的邪气也就随之消灭。所以想要延年益寿，就得辟谷。

道教的辟谷还有一个理论就是，人体应该保持清洁，这点与印度的瑜伽几乎完全吻合，如果那时候有互联网，估计两国人还会默默点头感叹"英雄所见略同"。总之，道家认为人因天地之气而生，谷物、荤腥的气都会破坏身体的洁净。

然而我们的祖先很早也意识到，吃是活命的根本，虽然终极目标是追求精神的洁净，但总得先有躯体才能谈精神，要想维持正常的新陈代谢，总得吃点什么，不能吃谷物，那吃什么呢？

古人认为可以吃山里的东西。为什么？《尔雅·释名·释长幼》中解释："老而不死曰仙。仙，迁也，迁入山也。故其制字，人旁作山也。"所以要成仙，就得在山中寻找食材。这就是"餐朝霞之沆瀣，吸玄黄之醇精，饮则玉醴金浆，食则翠芝朱英。"

当然这都不是人的饮食，只能找些俗世的替代作为药或者饵。比如，汉末辟谷就常用茯苓来打败饥饿感。南朝的名医陶弘景也是辟谷的拥护者，他的《养性延命录》中就有一卷专门写《断谷秘方》。其中提到，大枣、巨胜、蜂蜜、石芝、木芝、草芝、肉芝等都能做饵。

除了陶弘景，为服食辟谷带货的名人们还有很多。比如，何晏、皇甫谧、阮籍、嵇康都是服食养生的追随者。

他们的逻辑很简单，人生忽如寄，寿无金石固。既然金石像神仙一样稳固，那我多吃点，自然也能和神仙一样长命百岁，于是，五石散就这样流行开来。

五石散，又称寒食散，主要是用石钟乳、白石英、石硫黄、紫石英、赤石脂组成的，最初是汉人张仲景为治疗伤寒病人开的一种处方药，因病人体受风邪入侵，体内都有寒症，服用这种发散类药物药效显著。只不过到三国时何晏发现这种药可以让精神处于亢奋状态，觉得神思清明，因此配方一改良，性质一变换，立马让这种药在上流阶层风靡了起来。

五石散虽然驱寒，但拥有很强的毒性。即便如此，人们还是觉得五石散是种保健品，就像今天人们争相吃葡萄籽、胶原蛋白颗粒一样，有钱且风流的名士都以服食为时尚。因为五石散能让人产生很多热量，吃了精神亢奋，可能几天几夜都无法入睡，有种在云端的感觉，披散头发，宽衣散热，走来走去，几乎是服食后的标准症状。

这分明就是中毒。大家看多了，也就见怪不怪了，反而觉得很时髦：中毒了该怎样呢？因为药性太热，吃过后全身发痒，坐卧不宁，为了散发必须要持续走路，称之为"行散"，走一段时间全身会先发热后发冷，这种冷还不是那种气温低了多穿点就能解决的，而是要把衣服脱掉，再用冷水往身上浇。因此衣服一般都散开，因为体内燥热，鞋也不能穿，得穿木屐透气。所以这些"中毒"的名士个个蹬高屐，吃冷饭，阔衣衫，行动缓，远远望去有股仙人的风范，于是很多人都向往中毒。因五石散价格高昂，并不是所有人都有钱长期服食，买不起的大有人在。所以到了东晋，为了迎合时尚，大街上经常有人作假，装作吃了药在"行散"，穿衣风尚也宽大起来。

当时有没有人怀疑过服食有问题呢？有，王献之就说过，但他也只是觉得有点可疑，自己还在继续吃，因为听说久服成仙。当时的名士几乎已经疯魔地想要避世，只求长生不老、羽化登仙。

服食之风刮得越来越盛的时候，在长江中下游，如今中国经济最发达的江浙沪地区，修仙大佬葛洪横空出世，他的出生以及其后的努力，无疑为丹药服食之风又加了一把火。在晋成帝的支持下，他也开始炼丹，并发明出了更多五石散的替代品，研究出了更多饵，并在从唐至明的漫长岁月里被追求长生不老的帝王们奉为偶像，开创了一代服食之风。根据他的《抱朴子》记载，仙药之上者丹砂，次则黄金，次则白银。也就是说，最好要用汞，然后真金白银吃进去。方士和道教徒们给帝王冶制的丹药，大多经过长时间的火冶、水溶，势必会使药物产生巨大的毒性，服之过量，致"头痛欲裂""腰痛欲折""腹胀欲决甚者断衣带""心痛如刺""百节酸疼""温温欲吐""大便当变于常，故小青黑色""口舌与牙根糜烂"，妥妥的重金属中毒症状。

魏晋玄学的发展，使得士大夫原本对现实的追求都转移为对长生不老的期盼，只是这追求的道路还真不是逍遥自在，虽然看着仙风道骨，实际内心真的很痛苦。

从何晏到嵇康，这些玄学大师们通过借酒消愁、放浪形骸表达自己对世事的不满，通过服食后的狂傲表达自己对政治的疏离态度。

然而从当今科学的角度去看，这种服食与辟谷很不合理，他们不仅不吃肉类，还拒绝谷物蔬菜，既没有蛋白质又没有碳水化合物，营养很不均衡，不利于身体健康。例如，五石散并没有让何晏长命百岁，反而在五十岁便命丧黄泉。实际上，辟谷和服食对一般的百姓影响并不大，他们本来每天也吃不饱，差不多天天在辟谷，但也从未听说有谁成了仙。

魏晋的饮酒风

在中国政治上最混乱、社会最苦痛的魏晋南北朝时代，却是精神上最自由、最解放、最富有热情的一个时代。在这种大环境里表现出的多是真我和本我，任性随性是这个时代的缩影。他们"手执拂尘，扪虱而谈"，不但追求服食的飘逸，更在酒的世界逍遥寻乐，故有《古诗十九首》说"服食求神仙，多为药所误。不如饮美酒，披服纨与素"。酒，已经从单纯的饮食摇身一变，成为士人生活中不可或缺的一种文化态度，是生理与精神的双重需要。"三日不饮酒，觉形神不复相亲。"

魏晋的酒是"斗酒相娱乐"，纵观当时，名士的基本操作大抵是，痛饮酒，熟读《离骚》，是否有才反而是其次。三国时期，曹操父子都文采斐然，经常举行各种游宴，饮酒赋诗，以酒为媒，抒发内心的感情。饮酒，成为了排忧的工具。比如，曹操感叹"对酒当歌，人生几何""何以解忧，唯有杜康"，这首诗是曹操在铜雀台落成时的大宴会上所写。说到铜雀台，可能让人印象最深的便是"铜雀春深锁二乔"的享乐天堂，其实铜雀台更多的是曹操招揽文人的乐园，通常这些文人会在铜雀台欢宴，久而久之便出现了著名的"建安七子"，每逢宴饮必赋诗，换着花样进行主题活动：命题创作、同题共作、互评诗作都有。这种有组织的文学活动，促进了当时的文学繁荣，也给后世的文学活动提供了模板，作诗要饮酒，饮酒必作诗，成了后代文人心照不宣的潜规则。

稍晚些，还有一个同样出名的喝酒聚会七人组：古琴爱好者嵇康，文武双全阮籍，玄学大师山涛，铁匠向秀，酒鬼刘伶，琵琶演奏艺术家阮咸，人智者王戎，加在一起便是著名的"竹林七贤"，几坛酒，几碟菜，凑成了乐活族竹林野餐，东西吃不吃是其次，放达随性的文化态度必须先加到满格。

如果拍一部五分钟的七贤日常视频，饮酒绝对可以单独出镜三分钟。《世说新语》中关于他们饮酒就有二十多条记录，不合礼法的怪诞任性举动比比皆是。比如，每次都是豪饮，"诸阮皆能饮酒，仲容至宗人闲共集，不复用常杯斟酌，以大瓮盛酒，围坐，相向大酌。时有群猪来饮，直接去上，便共饮之。"不但饮得多，甚至不分场合，不分对象，阮籍母丧仍然在喝酒食肉，刘伶则不分对方身份，跟谁都能喝起来。按照古代的宴饮礼仪，吃席喝酒在座次、食物、音乐上都有很详细的规定，随便跟谁都喝，是大写的不合礼法。这么个喝法，酩酊大醉是家常便饭，醉酒之后的他们更是随心所欲，刘伶喝到尽兴经常裸奔，别人见了大呼辣眼睛，他反而振振有词："我以天地为栋宇，屋室为裈衣，诸君何为入我裈中。"阮籍则经常和邻居的漂亮夫人一起喝酒，喝醉了便躺在人家身旁。甚至因为听说步兵营厨房里存了上百坛好酒就去申请当步兵校尉。

饮酒对于竹林七贤来讲，已经不单是一种行为，更是一种思想精神的体现。看似怪诞的行为背后，其实包含的是他们不同的人生态度。比如，嵇康醉饮山林不肯为官，不只是对当时司马氏杀戮名士的反叛，也是他本身性格使然。他崇尚老庄避世哲学，无意于世事荣华。他的饮酒不是为寻欢作乐，而是为闲适从容。阮籍、刘伶、向秀之类则不同，想要自保又不能避世，毕竟避世的嵇康也还是一样被借故杀害，出仕又不愿同流合污，只能醉酒佯狂，阮籍之饮，大有生不逢时、志不获聘的悲凉。王戎、山涛则更多是为了声望，饮醉山林大抵是附庸风雅，图一个名士的人设，为入仕途提高身价而已。

从建安七子到竹林七贤，饮酒慢慢成为文人彰显个性、反抗现世的文化标签。酒带给他们精神上的觉悟和情感上的超脱，是通往内心自由和脱离尘世羁绊的重要工具，因此，文人雅集中饮酒成了不可或缺的一项活动。但后代的文士饮酒放诞，多是模仿竹林七贤的行为，颇有东施效颦的感觉。

比如著名的金谷集会。金谷会是西晋一次大集，当时的征西大将军王翊从洛阳回长安，石崇曾在金谷园中召集左思、潘岳、陆机等人一起送行，喝酒赋诗，时称"金谷二十四友"。这次集会物欲横流，豪奢如海天盛筵，"清泉茂林、众果竹柏、药草之属，金田十顷、羊二百口，鸡猪鹅鸭之类，莫不毕备。又有水碓、鱼池、土窟，其为娱目欢心之物备矣。"而且没留下什么传世名作，因此不是很出名，反而是东晋晚些时候朴素版的高仿聚会成为千古绝唱。

"永和九年，岁在癸丑，暮春之初"，永和九年的阴历三月初三，在上巳这一天，"群贤毕至，少长咸集"，还没有东山再起的谢安和谢万、孙绰、孙统、王凝之、王彬之、王羲之等人相约在会稽山阴兰亭"修禊事"，也就是集体沐浴。因为周遭"崇山峻岭，茂林修竹，又有清流激湍，映带左右"，他们"引以为流觞曲水，列坐其次"，就是将水从高处引来，环曲成渠，用木头做的椭圆酒杯放在荷叶上，顺水而下。这样美好的环境，文人们怎么能不饮酒赋诗呢？与会者于是列坐河渠两旁，待觞飘至身边停下，就要按规矩吟诗或者咏唱，时任会稽太守的王羲之将当时的即兴诗集结起来，用蚕茧纸，鼠须笔挥毫作序，乘兴而书，写了举世闻名的《兰亭集序》。这不过是当时万千次文人雅集中的一次，当时的他们无论如何也想不到，宴饮诗汇编的一篇序言最后会成为书法界传世国宝。作为雅集的组织者，王羲之颇有追慕古人的意思，连不能赋诗罚酒三斗的规则都是学之前石崇的《金谷诗序》，但这次聚会是三百六十度纯天然，完全"无丝竹管弦之盛"。

随着汉代政权的衰亡，儒家的礼法对文人的束缚渐渐解除。汉末争霸时期，经过战乱的文人更加珍惜自己的生命，战乱中朝不保夕，饮酒大有纵欲享乐之意。到了魏末晋初，玄学兴起，追求精神超越的文士通过违礼痛饮，怪诞肆意的醉酒来追求人格的独立。到东晋时，偏安江左的门阀士族，有着政治、经济上的特权，宴饮成了他们的消遣与享受，他们生活的意义便是追求闲适与高雅了。正如诗酒风流的陶渊明所说："余闲居寡欢，兼比夜已长，偶有名酒，无夕不饮。顾影独尽，忽焉复醉。既醉之后，辄题数句自娱。"

多元国际：隋唐五代

东亚的"碗筷文化圈"

　　随着南北朝分裂割据的结束，南北重新走向统一。统一带来了经济大繁荣，社会大发展，也带来了开元盛世下空前的多元文明。这一时期，可能是中国古代史上最国际化的一个时期，四通八达的陆上交通和大运河的南北贯通，可以让国内产品互通有无，陆上丝绸之路和海上丝绸之路的拓展，又形成了以中原长安为中心，球状辐射的输出链，东至朝鲜、日本，南至南洋，西至西域的"汉文化圈"逐渐形成。

　　当时的长安和其他几个重要城市外国人云集，丝毫不亚于如今的上海、香港，有"身处长安，如在异域"之说。这些外国人，有的来做生意，有的来外交出使，也有的是慕名留学而来。当时来的最多的当属朝鲜与日本的学者，他们来学儒学佛的岁月中，自然而然地养成了一副中国胃，中国风也这样随着他们的回国，一同飘出国境，飘回他们的故土，逐渐形成了当地的"唐风"饮食。

从奈良时代到平安时代的早期，日本社会逐渐形成了以贵族为主要构成的"公家"阶层，"公家饮食"的精髓就在于唐风模仿，饮食制度要学唐王朝的，宴席一律改成汉法烹制。长安和扬州的许多点心工艺相继传入日本，比如饼、粽子一类面食，日本称之为"唐果子"。奈良时代，还从大陆传来了"唐酱"，豆腐、芝麻烧饼、素菜的制作也随着鉴真东渡传往日本，不同于我们奉刘安为豆腐祖师，他们的豆腐业到现在还把鉴真奉为祖师。

随着这些吃食一道传出的，还有食器。什么样的吃食就配什么样食用工具，比如西方多肉食、整食、冷食，因此多用大盘刀叉，而汉风饮食，则是粒食、热食、羹食，"趁热吃""趁热喝"是迄今为止人们仍旧沿袭的习惯，中国特有的烧、烤、炮、炙、蒸、煮、炖、煎、焖、涮、卤、拌等烹调而出的热食，既不宜手抓，也不便用匕，这时，箸这两根神奇的小木条"挑肥拣瘦"的功能就展现出来了，很容易把各种形态的食物夹起，因此碗筷必然与中国料理相伴而生。

前章已经提到过，箸很早就用来吃饭，《史记》中记载过"纣始为象箸"。是说商纣王使用大象牙制成的筷子，可见商纣王时候就开始用箸了，古书中常将"匕箸"连用，即勺和筷子。到先

汉墓画像石中的"箸"

秦，筷子也叫"筴"，意思就是竹制的夹子。到唐朝，人们还管这种工具叫"箸"。比如，李白在《行路难》里说，"停杯投箸不能食，拔剑四顾心茫然"。后来随着水路运输的发达，江南船家为了图吉利，忌讳"住""翻"这类不祥的字眼，为了尽快安全到达目的地，把"箸"改叫"快儿"，"筷子"的称谓也就这样流行起来。

隋大业三年（607），日本推古天皇派小野妹子一行来中国学习，他们注意到，原来饭还可以用筷子夹。自此，箸开始在日本使用并渐渐流行。到今天，如果你在日本境内的餐馆吃饭，会发现不管馆子大小，筷子都是横放在餐盘上的，与我们今天竖放筷子的习惯完全不同。在唐代，中国的筷子就是横着放在餐桌上的。很多唐代的画作中都能看到这样的场景。比如，唐代的墓室壁画《野宴图》，就是描绘一帮贵族少年在聚会享乐，偌大的餐桌上遍布佳肴，仔细看看，桌边都是横放的筷子和勺。相同的场面出现在敦煌莫高窟的《宴饮图》中，两对男女在亭子里相对而坐，桌上是横置的筷子，看来当时流行的风气就是这样。为什么要横着放，这种用意并不清楚，但清楚的是，不能横放在碗上。李商隐在《义山杂纂》中提到"恶模样"时说到几种不良恶习，比如做客和别人对骂、乱传主人八卦、对丈母娘讲黄色笑话、做客掀桌、吃完的鱼肉吐回盘子里等，其中还有一条就是把筷子横放在碗上，可见横放筷子在碗上跟上述这些一样惹人厌。其实筷子一直都是纵向放在桌上的，似乎只有唐代是个例外。我们在唐代之后改变了筷子的方向，但日本并没有，直到今天，在日本感受到的，仍然是唐代的用餐风尚。

比日本接触筷子更早的是朝鲜半岛，朝鲜语中"箸"（zhegala）就是箸的音译，尽管韩国人一再去申遗，但不可争辩的事实是，大概在汉初，筷子是随着汉朝派遣去朝鲜半岛置郡的官员们一并传过去的，因饮食习惯的不同，筷子传入朝鲜后，人们渐渐抛弃了用竹木做筷的方法，开始选用金银铁等金属材料，一方面他们料理的食材以红色居多，竹筷用久了会染色，另一方面，烤肉时金属的筷子不怕火烤，因此金属筷子出现后大受欢迎。他们的筷子比中国的短，而且筷身纤细扁平，既可以夹起豆子，又可以在碟子中撕开泡菜。不过不同于中国，他们的筷子与勺子是同时使用，筷子只负责夹菜，吃饭则要用勺子舀着吃。

让我们把目光从东洋的水路拉回，从陆地一路向西。随着驼铃声在沙漠中缓行的车队，逐渐出现文成公主的和亲队伍。641年，文成公主坐上婚车长途跋涉，开始了与吐蕃赞普松赞干布的和亲之路，他们带去的不只是政治上的和平，也带去了故土长安的饮食味道。从今天的藏语中我们还能听到一些准确无误的汉语音译，豆腐、白菜、菠菜、韭菜、萝卜、酱油、醋、葱，这些美食和烹饪调料随着文成公主一起入藏，改变了当地的饮食结构。当时的吐蕃是"凝砂为碗，实羹酪并食之，手捧酒浆以饮"，几十年后，松赞干布的孙子都松莽不之在病中时尝到汉唐大臣带去的茶叶，不禁大叹："这种树叶太神奇了，我们的玛瑙杯、金银瓢都配不上这种上等饮料，听说汉地皇帝有一种叫作碗的器具，可以派人去要来。"但中原帝王并未将"碗"赠予吐蕃，吐蕃屡犯边境让朝廷头痛不已，但又不能彻底决裂，因此当时的皇帝派了一些碗匠入藏。这些碗匠做的碗与当时中原主流的碗如出一辙，"碗口宽敞，碗壁很薄、腿短、颜色洁白，具有光泽"，这种白瓷碗在当时很受青睐，但后来碗就变了样子，按照藏族的审美，碗上印上了不同的图案，上等的绘鸟类口衔树枝的图案，中等的碗绘鱼在湖中游，下等的碗则绘鹿在草山上。三种碗分别起名叫夏布策、南策和襄策。

其实纵观碗筷在周边的传播，不难发现，传入只是一段新风气的"开始"键，在漫长的岁月中，随着自身习惯的融合，形态、外观、使用方法和礼俗早已发生了巨大的变化，器具最终变成一种载体，承托一个民族自身的审美情趣与价值取向，最终形成了让我们既熟悉又陌生的、属于每个民族自己的独特文化。

唐代异域美食

传播总是双向的，在中原不断向外推送自身的饮食与器具的同时，域外的特色也在不断地向中原涌入。

异域这个标签带来的神秘感与新鲜感让外来的饮食变成了一种时尚风向标，尤其是上层人士，简直把对外国食物的偏爱都写在了日常的菜单里。《旧唐书》中记载："贵人御馔，尽供胡食。"

没错，同汉魏一样，唐代外来饮食最多的仍是胡食，只不过，到唐时，胡食的品种已经很多了，除了之前已经熟知的胡饼、炉饼，这时出现了一些新的面食，如饆饠、馎饦和烧饼。

饆饠，也称毕罗，这是一种来自于穆斯林地区，用稻米合着酥油，加上肉和作料而成的饼，一般都用手抓着吃，也就是大号的带馅儿手抓饼。因为这个名字是音译，渐渐地以讹传讹，出现了很多个译名，如楼罗。唐朝的《酉阳杂记》中就记录得清清楚楚：

> 俗语楼罗，因天宝中进士有东西棚，各有声势，稍伧者会于酒楼食毕罗。

是说那时候科举才刚出现，来参加公务员考试的国考生们不分资历身份，农民、僧道、县吏、工商、市井什么身份的人都有。考生大多出自寒门，比较喜欢拉帮结派，既想追求高大上，又吃不起星级大餐，洋气又不贵的毕罗就成了高性价比的最优选。而这些拉帮结派聚会的人也被冠了一个"楼罗"的外号，后来这个词逐渐演变成"喽啰"，成了市井街头混混的代名词。

最初的毕罗很纯粹，就是油炸的肉馅儿手抓饼，但是入了中土的地界，就变得因地制宜起来，比如，传入岭南之后，还有人将蟹肉做馅儿做毕罗。刘恂在《岭表录异》中就专门记载过这个配方：

> 赤母蟹，壳内黄赤膏如鸡鸭子共同，肉白如豕膏，实其壳中。淋以五味，蒙以细面，为蟹黄饆饠，珍美可尚。

随着饽饽在内地的流转，这名字经过方言加持更是五花八门，宋代《集韵》中讲到饽饽时说："今北人呼为波波，南人讹为磨磨。"饽饽、馍馍、铺铺、馎馎、巴巴（湖北方言），不同地方的叫法各有千秋。陕西人到今天仍爱管饼子叫馍，当今流行在陕西西安一带的肉夹馍，应该就是这种饼的一种变体。

而如今广为流传的"饽饽"更多的指用玉米面、糜子面等粗粮加工成的各种糕点，不过这些饽饽应该都来源于清朝的满语，与原先的波斯语意思差之千里。

馓饦是一种发面油炸饼，直至今天在新疆、内蒙古一带，还有这种油饼，因为是发面饼，高温油炸后会迅速膨胀，外皮酥脆，内里柔嫩松软，还有小麦粉淡淡的香甜味道。不知道是不是因为没有馅儿料，馓饦的流通脚步几乎停在了关外渐渐消失，而做法类似的另一种带馅儿胡饼在内地大大流行，并一直传承到今天。唐代胡饼爱好者白居易就写过《寄胡饼与杨万州》：

胡麻饼样学京都，面脆油香新出炉。寄与饥馋杨
大使，尝看得似辅兴无。

诗中的"胡麻饼"就是白居易被贬后在外地发现的烧饼，味道跟国际大都市长安的差不多，激动之下赶紧寄给好朋友一起分享。诗中提到的"胡麻饼"就是当时备受青睐的带馅儿烧饼。

在物流滞后又没有真空包装和防腐剂的唐朝，寄去的饼子还能吃吗？还真能，因为这种胡麻饼是用面粉、酥油、糖和五香粉混合在一起和面，内包肉馅儿，做好的饼坯需要加油烘烤，过油后的饼子可以保存好多天不会变质，因此作为居家旅行的主食干粮，这种饼十分畅销。据说在安史之乱玄宗西逃时，杨国忠还在咸阳大街上给玄宗买这种烧饼吃。

要想做出胡风味的食品，必不可少的便是调料。如同北非酷爱茴香，韩国酷爱泡菜，食物一加胡椒，立马就有胡食那味了。在没有发现石油的那个年代，中东人凭借着胡椒打入东亚市场，进入整个欧洲，放眼世界，胡椒也是顶级的奢侈品。

与香料同样高奢的舶来品便是葡萄酒了。其实葡萄与葡萄酒早在西汉时就在宫廷中出现过，只是一直没有在内地推广开，直到唐朝，大多数南方人根本不知道葡萄为何物。与爱吃胡饼的汉灵帝亲自带货一样，葡萄酒的风靡也是因为太宗李世民的个人痴迷。据《册府元龟》记载，贞观十三年（639），太宗平定高昌（今新疆吐鲁番），从战俘处获得葡萄酒的酿造法，于是在宫里大种马乳葡萄，还亲自酿酒，酿成的酒色泽味道俱佳，于是分享给群臣，此后葡萄酒在京师慢慢风行起来。

将仅靠丝绸之路进口的又贵又少的红酒本土化生产，让普通大众也能喝得起洋酒，有了皇帝老板的带动，抓住商机的大商人们很快发动了资本的力量，在国境内建立起大量的葡萄园。

山西就是其中最出名的种植基地。比如，杜甫就写过"一县葡萄熟"，也可见当时的葡萄是规模化种植的。

随着种植和酿酒的规模化扩大，葡萄酒大量涌入市场，相比之下，三勒浆、椰花酒、槟榔酒这样又贵又少的进口果酒立马就不香了。

葡萄酒在民间的风靡在许多文人的诗文作品中可见一斑。酷爱饮酒的李白在《襄阳歌》中就写道：

遥看汉水鸭头绿，恰似葡萄初酦醅。此江若变作
春酒，垒曲便筑糟丘台。

看着汉江水，想着变成葡萄酒来喝，大有吃货看着江里鸭子游水，就幻想吃烤鸭的架势。

"葡萄美酒夜光杯，欲饮琵琶马上催"，与美酒相配套的自然是来自西域的酒杯。诗中提到的夜光杯，大约是用透明水晶制成的"曲长杯"，这种杯子来源于波斯萨珊王朝或者中亚的粟特，形状像一片片的花瓣，很受时人欢迎。不同于汉族陶与瓷制成的低矮圆形杯体，西域饮酒多用高足的金银器皿。受到拜占庭风格的影响，开始传入的时候，杯体都很深，腹部带有折棱，足部中间有算盘珠一样的节，下部像喇叭，但是这种异域风格的杯子很快本土化，慢慢地像瓷器一样变浅变宽，高足中间的

珠形装饰也消失了，取而代之的是圆形或者花瓣形的杯足。

喝葡萄酒毕竟是隔三岔五图个新鲜，因此高脚杯并没有在社会上大范围流行，毕竟日常吃饭用不到。但从西域传来的其他金银器，多用锤击法敲铸而成，不但不同于传统器皿的笨重，轻薄方便，而且上有大量突厥、拜占庭、大食审美的精美花纹雕刻，因此非常受欢迎。用锤造、镀金、浇铸、焊接、切削、抛光、镀、刻凿、錾刻、镂空工艺制成的风格各异的碗、盘、钵、盆应时而生。

当时人们开宴都会使用金银器皿，"谁能载酒开金盏，换取佳人舞绣筵""凤凰尊畔飞金盏，丝竹声中醉玉人""弦吟玉柱品，酒透金杯热"都是当时金银器在唐朝盛行的真实写照。

集市——生鲜粮食都能买

许是唐朝建国者本身就有鲜卑血统，延续了北朝"胡汉一家"的传统，对周边的民族一直采取"羁縻"，也就是民族自治的宽松政策，加上当时中原的富裕，阿拉伯人、波斯人、粟特人，还有日本人、新罗人纷纷涌入中国，唐代的长安就是当时名副其实的国际大都会。

据《唐会要》卷八十六记载，当时的都城长安，店铺商行林立，"或鼓未动而先开，夜已深犹未毕"。唐朝奉行的是坊市制度，商业区与居民区分开，商业区白天开市需要等鼓敲过才可开张做买卖，晚上则要宵禁。但到唐中后期，这种传统逐渐被打破，到晚唐五代时，夜市已经相当普遍，尤其是酒肆，夜场更是欢歌笑语。都城如此，外地也丝毫不逊色。杜牧诗云："烟笼寒水月笼沙，夜泊秦淮近酒家。商女不知亡国恨，隔江犹唱后庭花。"当时的大城市如扬州、广州都是"灯火穿村市，笙歌上驿楼"。

走高端国际精品路线的胡商，一水儿的在大城市投资开胡姬酒肆，也就是文人笔下的"酒家胡"。正所谓"胡姬貌如花，当垆笑春风"。年轻貌美的胡人女子穿着异域风情的服装，在门口一站，立刻引得追求风雅的文人纷纷去打卡。比如，李白在谈到这段的时候说："五陵年少金市东，银鞍白马度春风。落花踏尽游何处，笑入胡姬酒肆中。"岑参诗亦云："送君系马青门口，胡姬垆头劝君酒。"美人与酒，再加上华丽的陈设和异国菜肴，胡姬酒肆就是当时的社会最时尚最潮流的场所。

但高消费酒肆毕竟不是所有人都消费得起的，国外来走销量路线的小本生意人多在市集中摆摊卖胡饼。

《刘宾客嘉话录》载："刘仆射晏五鼓入朝，时寒，中路见卖蒸胡之处，势气腾辉。使人买之，以袍袖包裙帽底，啖之，且谓同列曰：'美不可言，美不可言。'"

这么美味的胡饼价格却十分亲民，据《原化记》载，"老人即以明珠付童子，令市饼来。童子以珠易得三十余胡饼"。一颗珠子大概能买三十多个胡饼，可见不是价值连城，而且购买很方便。

而且胡饼肆不仅仅在大城市中，有如遍地开花的兰州拉面和沙县小吃，到处都有胡饼肆的身影。根据《广异录》记载，饶州龙兴寺有一位叫阿六的寺奴，死于唐宝应年间，在阴间碰见一位认识的胡人，这胡人生前以卖饼为业。这本是个小故事，但胡人卖饼的广泛度可见一斑，连饶州这样的小地方都有胡人去开饼肆。

与胡人开酒楼、卖胡饼不同，本土汉人的餐饮商业版图几乎涵盖了所有能经营的食品。既有沿街叫卖的流动小食贩，也有高端的大酒楼。跟胡姬酒肆的营销手段不同，汉人的高端酒肆一般会搭建高楼，这在全民小平房的年代十分罕见，韦应物的长诗《酒肆行》即对当时的酒楼有所描述，其曰："豪家沽酒长安陌，一旦起楼高百尺。碧疏玲珑含春风，银题彩帜邀上客……晴景悠扬三月天，桃花飘俎柳垂筵。繁丝急管一时合，他垆邻肆何寂然。"

说的是：阳春三月的长安大街上，一家豪华酒楼开张了，巍峨耸立的高楼，格调高雅的装修，彩色的酒旗吸引着八方来客。客人们在音乐中享受着酒筵，把周围其他店的生意都抢了。可以看到，高档的酒楼中不但卖酒，文艺表演也都安排上了。酒楼还经常以高杆挑挂酒旗以广而告之。

长安城内的饭店经营方式很灵活，不仅接待上门的顾客，还为客户预定的宴席提供上门服务。据《唐语林》卷六记载，唐德宗时候，皇帝突然召见吴凑，任命他为京兆尹，按照惯例，拜官要设宴的，他很着急，赶紧让人回家准备酒席，没想到等他到家的时候酒席已经准备好了。他的管家说："两市日有礼席，举铛釜而取之，故三五百人之馔，常可立办。"说明三五百人的宴席，饭店都可以承办。

当时长安的酒肆非常多，尤其东、西两市，是最集中的地方。长安的郊区的官道左右也有许多村民开设的小店，来招待过路的行人，在长安郊区众多的酒肆中，渭城的最负盛名，因为渭城位于通往西域和巴蜀的必经之路上，一般送行都会在那儿的酒肆喝一杯送行酒。很多诗人都在渭城的酒肆中留下了饯别的名句。比如，王维的《渭城曲》："渭城朝雨浥轻尘，客舍青青柳色新。劝君更尽一杯酒，西出阳关无故人。"

随着丝绸之路和京杭运河的繁盛，东西南北的交通越来越发达，酒肆食坊不只局限于长安，几乎遍布全国，尤其是在交通要道，如洛阳、成都、建康、扬州、广州，各大酒楼如雨后春笋一般星罗棋布，而且除了民营的饭馆和食店，还有很多国营的驿站，接待往来官员的食宿。这类驿站一般都备有丰盛的酒肉饭菜，出差的官员可以报销。有一些私人的小酒店也是食宿二合一的，比如，张籍《宿江店》就有言："野店临西浦，门前有橘花。停灯待贾客，卖酒与渔家。"

除了各种酒楼，还有很多综合性的熟食和副食店。卖的主要是肉脯和鲊。牲畜肉干晒而腌渍的多为脯，而压干撒盐腌渍的鱼类多为鲊。但到宋之后，鲊不再局限于鱼，但凡腌渍的东西都可以成为鲊。唐人段成式在《酉阳杂俎》中记载，唐玄宗李隆基对安禄山恩宠无比，每月都会赐给他"野猪鲊"。

支撑酒楼食肆开下去的是一揽子完善的供应链体系。粮食、生鲜、果蔬、调料，在当时的市场上都可以买到。随着隋唐时期粮食产量的提升，很多郊区的百姓都会把家里多出来的麦子磨成面粉，拿去城里交易，长安东市里甚至出现"麸行"与"米行"，说明当时商品粮已经逐步规范，出现了行会首领。不过当时的市场不怎么规范，商人为了牟利经常缺斤短两，所谓"常用长尺大斗以买，短尺小斗以卖"。甚至有的商人为了让自己囤积的粮卖得贵一些，到庙里去求佛"昌裔乃为文，祷神冈庙，祈更一月不雨"。政府往往针对商人囤积居奇的行为进行各种调控，《唐会要》中记载，政府禁止买卖粮食六次，五次都是因为水旱灾害、粮食歉收。

与粮食市场相似的是，这时的生鲜市场也很发达。尽管隋唐时期经常颁布"禁屠钓"的政策，但对市场好像没什么影响，肉食和水产都能在市场上买到。总的来说，北方畜牧肉食多，南方水产鲜货多。很多海味因为交通条件和保鲜技术，没法到达中原腹地，因而成了当地的特产。比如，根据《岭表录异》和《酉阳杂俎》记载，岭南的市场上可以买到北人不常见的黄蜡鱼、石头鱼、海镜、蚝、彭蜞等，这些新鲜的鱼虾多为饭店酒肆和城里人采购，于是有很多人专门从事捕捞。比如，《潇湘录》中记载："台山僧法志游至淮阴，见一渔者坚礼而命焉……因问，曰：'弟子以渔为业。'"果品、蔬菜、油盐酱醋都成了单独的行当，篇幅所限，在此不再赘述。

扫码领取

· 美食文化探索
· 美食诗词赏析
· 走进地方美食
· 四方菜谱合集

唐人饮料大观

隋唐五代时,与酒楼并驾齐驱出现的是遍布街市的茶楼。茶,这个其后千百年来被视为中国符号的饮品,从这时起,走上了历史的舞台。

茶的发现在中国究竟起于何时,一直是个未解之谜。最早谈到饮茶起源的中唐时的陆羽,在后世的正确用茶指南手册《茶经》中说:"茶之为饮,发乎神农氏。"事实上不论是陆羽之前还是之后,都没人再去关心过这个问题,大家似乎默认了"茶饮发乎神农"的说法。这么说也不是没有道理。有说"神农尝百草,日遇七十二毒,得茶而解之"。这里的"茶"其实就是我们所熟知的"茶"。"茶"字在唐宪宗之前并没有,最初都是写作"荼"。"荼"在神农时代是当作药来使用的,只是在漫长的岁月中,人们发现这种带有苦味的草不但消食、除瘴还清神、止渴,于是

145

从秦汉时期开始，茶就变成了小众的保健饮品。《尔雅·释木》中说道："树小似栀子，冬生叶，可煮作羹饮。今呼早采者为荼，晚取者为茗。"终两汉到魏晋，茶慢慢地在南方上层社会流行，北方还很少有人喝茶，而作为饮料真正面向大众，是从唐朝才开始。这是为什么呢？

说到茶的兴起，就不得不提佛教在中原的兴衰了。紧承南北朝，佛教在唐朝一路高歌继续发展，除了前代已经有的天台宗、三论宗、三阶宗等主要宗派，又形成了慈恩宗、律宗、密宗、禅宗等派系，其中发展最好的莫过于禅宗。禅宗并非印度本土流派，而是在佛教传播过程中与中国的思想文化融合渗透，形成的一种中国化佛教流派。禅门把茶放上桌面，悟道、参禅、论法、说佛都要用茶清心提神，会客更是离不开茶。随着佛家禅宗的发展，饮茶也在中唐之后成了一种流行风俗。

在茶大面积流行之前，喝茶没那么多讲究，跟喝菜汤差不多。即使到了唐朝初期，喝茶都是用煎煮的，跟煮中药差不多，里面还会混杂一些茱萸、苏椒、葱姜、薄荷、橘皮、枣、咸盐等辛香料。这种饮茶的习俗最初向外传播就是"煮作羹饮"，传入当地就混杂以当地的习俗。比如，北方蒙古族还在其中放入盐酪，就是所谓的咸奶茶。同蒙古族一样，其他少数民族地区直到今天还保留着这种习俗。比如，藏族在茶汤中加酥油制成酥油茶，维吾尔族加奶制成的奶茶等。只是汉族的饮茶风格却没有完全延续，从唐代的陆羽起很多文人就开始反对这种大加佐料的饮茶方法，认为这样茶就不纯了。但是直到北宋时，茶中还经常添加一些香料用来增香，不过盐、花椒用得比较少。比如，宋徽宗就说过，茶本身的味道就很香。到了南宋，这种主张便转而成为以天然花香入茶的风俗了。木樨、茉莉、玫瑰、蔷薇、栀子、木香、梅花都可以入茶，花茶一时风头无两。直到明代，强调纯粹的世风影响下，人们纷纷开始崇尚饮清茶。

炽热的饮茶风气造就了一批以茶为研究对象的专业人才，这些茶家对茶的疗养功效有着独到的见解。比如陆羽的《茶经》，不仅对茶的医疗作用详细阐明，还把饮茶跟个人品行修养联系起来。饮茶，不仅是养生之术，还成了一种修身之道。

饮茶，已经脱离了日常饮啜，成为一种优雅的精神文化。喝茶变得有步骤有规矩起来。

首先，喝之前的器具就要有所讲究。《茶经》"器"一节列有从风炉到都篮等二十六种器具，每类器具都有许多品第、式样。这种对器具的讲究，在后代更是不断丰富发展。

其次，煮茶饮茶都有很严格的规范。唐人的饮茶方式为末茶法，基本流程是这样的：先根据喝茶的人数取出适量的茶饼，将茶饼稍微烤一烤，然后把茶饼碾压成茶末或细米状；然后等水煮沸后，往锅中放入茶米或茶末，稍微搅动（此时也可加入调味一类的东西）。等水再开时，倒入一碗温水，称为"育华救沸"，大概类似我们今天煮饺子时加水的情况；茶水煮好后，分入茶碗中，趁热饮用。

再次，喝茶是为清心提神，而非解渴，所以饮茶的环境、气氛、喝茶的碗数和速度都得有所讲究。茶的饮用，经过文人的发展，到后来形成了自己的"茶道"。篇幅所限，在此不再展开。

在饮茶风气的推动下，茶叶以惊人的速度在市场中流通，其时"江南百姓营生，多以种茶为业"。白居易的《琵琶行》中就有说，"商人重利轻别离，前月浮梁买茶去"。白乐天笔下这位商人就是去贩卖茶叶的，由于茶叶市场利润丰厚，所以唐代政府就开始征收茶税。五代初年，仅湖南一地茶税就高达十万贯，茶税已经成为政府最重要的收入来源。唐代还一度实行过茶叶专卖的政策，也就是类似于官营垄断，上一个这样售卖的商品是盐。但是后来这种国营生产不尽如人意，这个政策最终也就没推行下去。

在隋唐之前，人们可选的饮料并不多，除了茶，最多的便是用谷物发酵成的浆子，而到隋之后，饮料的世界就像被打开一扇新的大门。被作为草药发现，又当作饮料流行起来的饮品不单有茶，以同样路数登上饮料席位的还有很多。五色饮、五香饮、四时杂饮在这时纷纷面世。

最初这些杂饮是在隋朝宫廷作为保健品流行开来的，大多是用具清热解毒功效的草药或者果品熬成。所谓五色饮，就是用五种颜色命名的饮料。用扶芳叶做主要材料的碧绿色饮料称为青饮。用樱桃根做成的红色饮料是赤饮。此外还有用酪浆做成的白饮、乌梅浆做成的玄饮以及用桂皮做成的黄饮。用各种香料如沉香、檀香、丁香做成的五香饮。这些饮品放在当下都能被贴上"养生饮料"的标签，发明这些饮料的都是精通医术之人，所用之物，有止渴功效的同时，还有补益的作用。比如，丁香"温脾胃，止霍乱。壅胀，风毒诸肿，齿疳䘌。能发诸香"，同时丁香还美容养颜。沉香更是疗效广泛，据《本草纲目》载："调中，补五脏，益精壮阳，……补肾胃，及痰涎，血出于脾。益气和神。治上热下寒，气逆喘息，大肠虚闭，小便气淋，男子精冷。"简而言之，就是止痛、镇静、平喘。

隋代人还只是上层宫廷喝保健品，到唐代，改良版的保健饮品就开始进入民间，成为普通百姓治疗日常小病的偏方，当时这种杂饮被称为"饮子"。因为这种饮料既能治病，价格又比较便宜，在普通百姓中很有市场，卖"饮子"的店铺也很多。除了以香入饮，到唐代葡萄、石榴、杏仁、甘蔗、槟榔，这些水果蔬菜都可以榨汁日常饮用。唐代最流行的一种果蔬饮料就是从西域进口的"三勒浆"。根据《唐国史补》记载："三勒浆类酒，法出波斯。三勒者谓庵摩勒、毗梨勒、诃梨勒。"

三勒浆，是用三种水果做成的混合果汁。从治病到养生再到享受，从宫廷到士人再到大众，饮料的发展也是时代发展的缩影。

曲江宴与烧尾宴

同样作为时代发展缩影的，是在饮食史上鼎鼎大名的曲江宴与烧尾宴。

自隋唐设置进士科之后，科举就开始成为中央政府选拔和任命官员的手段之一。与以往的九品中正制不同，科举关注的不再是候选人的出身和门第，而是真正的才学，自此，普通读书人第一次有了通过考试进入官场报效国家的机会。在人生地不熟的官场，快速地建立人脉关系的宴席，成了一个候选人在考试之外的必选课之一。

在唐朝，一个读书人从参加科举开始到进入官场，有三场宴会必不可少，分别是：通过乡试考试，取得举人身份后，需要参加"鹿鸣宴"；通过礼部考试，取得进士身份后，需要参加"曲江宴"；吏部选拔之后，需要自己组织一场"烧尾宴"，以此

151

来告诉亲朋好友，自己不再是普通读书人，而是"神龙烧尾，直上青云"。

曲江宴早在科举之前就有。曲江，是古都长安东南一个天然的池沼，因为池水曲折，又称曲江池，是当时京城长安最著名的风景名胜区。这里风景秀丽，烟水明媚，其南是皇家园林——紫云楼、芙蓉园。绿树、繁花环绕，烟水明媚，为都中第一胜景。优越的地理环境让这里成了长安城风景最优美的半开放式游赏、宴饮胜地，当时的人们就把在这里举行的各种宴会通称为"曲江宴"。

一般在上巳节这天，皇帝通常要在曲江园林大宴群臣，凡在京城的官员都有资格参加，而且允许他们携带家属。作为政府最大型的年会项目，这一惯例堪比春晚，连绵不下百年，特别是开元、天宝年间，每年都要举行。此宴规模巨大，有万人参加。这一天，长安城中所有民间乐舞班社齐集曲江进行文艺会演，宫中内教坊和左右教坊的乐舞人员也都来曲江演出助兴。这一天的曲江园林，香车宝马，摩肩接踵，万众云集，盛况空前，就是古代豪华版的春节迎春联欢会。

真正跟科举开始挂钩是开元、天宝年间，除了上巳节，日常这里作为著名景点，吸引了大批参加科举的文人雅士前来打卡。起初，落榜的士人饮酒消愁，往往在此集会，饮酒赋诗，但后来却逐渐被上榜者所占据，最终在中宗神龙年间，成了与雁塔题名对应的、专属中榜士子庆祝和扬名的方式，也成了整个科举流程中不可缺少的一个场外组成部分。

以进士登科为主题的曲江宴，其隆重场面丝毫不亚于皇家上巳节的官方联欢。曲江宴到底有多隆重？我们能够从当时的诗文中一窥真相。

姚合曾在《杏园》中描绘参加这次宴饮的人极多，"江头数顷杏花开，车马争先尽此来"。

唐中后期诗人刘沧在唐宣宗大中八年（854）考中进士，作为参加宴饮的人员之一，他以一首《及第后宴曲江》向大家描绘了一幅"曲江宴饮图"："及第新春选胜游，杏园初宴曲江头。紫毫粉壁题仙籍，柳色箫声拂御楼。霁景露光明远岸，晚空山翠坠芳洲。归时不省花间醉，绮陌香车似水流。"

参加人数众多，宴饮活动丰富，不仅仅为新科进士带去了身体上的满足，更为他们以后的仕途做准备。宴饮主题是恭贺进士们及第，实际上参加宴会的不仅仅有及第进士们，更有他们的亲朋好友，以及那些要建立关系、招女婿的人，做买卖的人更是趁机推销自己的高档物件。

京城边如此热闹的宴会，百姓们自然也要凑乐趣，宴会规模一年强于一年，越来越多的长安市民开始以提供宴会服务为业，甚至成立了专门的"进士团"承办曲江宴席。但好景不长，依附于中央权力的曲江宴随着唐末政局的动荡和战事的兴起而不断没落。作为进士关宴之所，列于岸边的曲江亭子，在安史之乱中"皆烬于兵火矣，所存者唯尚书省亭子而已"。而在经历五代十国的混乱之后，"曲江宴"的形式得到了官方承袭，不再是民间自发，而是皇帝亲自赐宴，名字也改成了"闻喜宴"，普通人也不再有参加的机会。

曲江宴还只是取得进士的文人阶层跨越的预备哨，一个文人真正踏入仕途，加官晋爵，完成华丽转身的仪式是"烧尾宴"。

"烧尾"二字源于"虎变为人，惟尾不化，须为焚除，乃得成人，故以初蒙拜授，如虎得为人，本尾犹在，体气既合，方为焚之，故云：烧尾"。也有说"鱼将化龙，雷为烧尾"，不管是虎化为人，还是鱼跃龙门烧尾，都蕴含着同一个意义：华丽的转身。普通文人通过科举做官，从白丁摇身一变，成了参与国家治理的官吏，就犹如鲤鱼跃龙门一般，充满了艰辛。科举，这条称不上坦途的为官之路，成了普通文人在没有家世荫庇却想要为官时最后且仅有的希望。他们为了能够踏入仕途而不以其为苦，白居易《醉别程秀才》诗中有"五度龙门点额回，却缘多艺复多才"之语。袁皓《及第后作》一诗亦云"十年辛苦涉风尘"，无论是五次参加考试，还是十年寒窗苦读，科举对当时文人的吸引力无疑是巨大的，值得他们付出漫长的时间与巨大的精力，就科举本身而言，是不具备这种魔力的，真正吸引他们的是，科举带来的为官资格。一朝中举，平民就会转变为官员，为官的生活巨变与地位的显赫对每个文人都有巨大的吸引力。

其实"烧尾宴"的存在时间很短，大概只存在于唐中宗时期，在《辨物小志》中记载："唐自中宗朝，大臣拜官，例献食于天子，名曰'烧尾'。"《新唐书·苏瑰传》记载，苏瑰曾自解于皇帝说："今粒食踊贵，百姓不足，卫兵至三日不食，臣诚不称职，不敢烧尾。"从此以后，烧尾宴不再举行。

在唐中宗时期，韦巨源在景龙年间官拜尚书左仆射，于是在自己的家中大摆烧尾宴来请唐中宗。但这次"烧尾宴"的食单已不全，《清异录》中只留下了五十八种菜品的名称及少量后人的注文。

这份《韦巨源食谱》，记载了韦巨源宴请唐中宗时的部分食谱，这五十八种菜点包括主食、羹汤、点心、菜肴，可谓是水陆八珍，尽皆入馔，荤素兼备，咸甜并陈。光点心就有二十多种，用料极其讲究，制作也十分的精细，运用了很多镂切雕饰工艺，令人叹为观止：汉宫棋、巨胜奴、贵粉红、见风消、玉露团、单笼金乳酥、八方寒食饼、双拌方破饼、水晶龙凤糕……有的配料花形各异，如生进二十四气馄饨，即是馅儿料、花形各异的二十四种馄饨。此外，还有凤凰胎（烹白鱼）、遍地绵装（羊脂鸭卵烧鳖）、升平炙（烤羊、鹿舌三百片）等。

这些菜点，还不是"烧尾宴"的全部菜单，只是其中的"佼佼者"。由于年代久远，记载简略，很多名目不能详考。所以我们今天仍无法确知这一盛筵的整体规模和奢华程度，只是从菜单的零星记载上可以窥见整个宴会的奢靡程度。

扫码领取

· 美食文化探索
· 美食诗词赏析
· 走进地方美食
· 四方菜谱合集

风雅世俗：宋元时代

羊肉的黄金时代

随着安史之乱后唐朝的没落，加上五代十国的混乱，宋代的国人早已没有汉唐那种睥睨四方、君临万国的心理，取而代之的是对外虏的威胁、内部的分裂以及国家重建的深深忧虑。在这种状况下，宋代前期一改前朝奢侈浮夸崇尚外味的风气，渐渐走向敦朴。比如，宰相吕大防在为哲宗讲解本朝祖宗家法的时候就说：

> 前代宫室多尚华侈，本朝宫殿止用赤白，此尚简之法也……不尚玩好，不用玉器，饮食不贵异味，御厨止用羊肉，此皆祖宗家法，足以为天下。

重点来了，"不贵异味"，言外之意，鹿茸熊掌这些奢侈品就想都别想了，羊肉就算顶好的了。羊在北方确实比较常见，北宋宫廷就地取材，这样就避免了长途运输。相比牛马，羊的食草量最小，相比猪而言，羊繁殖快，费料少，有个山头就能放养。除了吃肉，还能用羊毛做笔，羊皮给士兵做衣服，全身上下没一点浪费，对于连年征战的宋朝，战略储备还是要重视的。精打细算的赵宋朝廷还一度认为，牛作为下地干活儿的重劳力，宰了吃可太浪费了，所以为了保护畜力，政府干脆明令禁止屠宰耕牛，甚至祭祀的时候都用羊替代牛。要发家致富，节流开源，养羊这么高性价比的买卖，确实值得做一波。只不过，"尚简"的初衷是好的，"要奢侈，吃羊肉"奉行起来却变了味道，被悄悄替换成了"吃羊肉，不奢侈"，于是皇室每天的饮食中羊肉都妥妥地安排上了。但再不奢侈的肉，都怕量大，随着食羊群体的扩大，公私宴饮的大量消耗，羊肉的附加运输成本越来越大，羊肉价格持续上涨，到后来，羊肉反倒真的成了奢侈品。但不可否认的是，由宋朝皇室兴起的这波"尚简"风潮，直接带动了其后几百年上流社会的食羊风尚。

即使在今天的汉族眼里，羊肉也不是家家户户餐桌的必选项，在中原以及南方人的认知中，羊肉更多的时候是一种游牧民族特色的食品，在北方人眼里，羊肉也和贵画等号。确实，跟猪鸡鸭肉相比，羊肉进入大众的认知是相当晚的，从魏晋南北朝大规模的民族融合开始，羊肉才渐渐在北方流行开，在南方也没什么市场。到了唐代，皇室与游牧民族错综复杂的血缘关系以及胡风的流行，使得社会上形成了一个完备的推动羊肉消费的系统，从皇室、官员到军队、富商，对羊肉的接受程度越来越高，而到了宋朝，嗜羊的风气达到了前所未有的程度。无论宫廷御膳、士人宴饮，还是民间婚丧嫁娶、烧香还愿，不管北方南方，羊肉在大场合中都是重要担当，如果案头没有一只羊，宴会就显得不上档次。

牛要用来干活儿，不能杀了吃，又加上"止用羊肉"为朝廷的祖宗家法，皇室的肉食消费几乎就全是羊肉了。比如史料记载，宋神宗时，开封御膳房一年消耗"羊肉四十三万四千四百六十三斤四两，常支羊羔儿一十九口，猪肉四千一百三十一斤"，相比猪肉而言，宋朝宫廷对羊肉的消费多出十倍，仁宗时御厨的消费更是达到顶峰，"日宰二百八十羊"，一年宰杀十万多只御膳羊。当然这些羊不全是皇帝吃的，皇帝们完美地诠释了"独乐乐不如众乐乐"，自己爱吃的绝对要分享，为了表示对大臣的礼遇，官员们的丧葬、生日、致仕以及节日宴请，皇帝都要赐羊，仅这一项，每年的消耗量就巨大。比如，宋太祖在一次春宴上，因为对大臣攻打太原的进言十分满意，"宴罢，赐上尊酒十石、御膳羊百口"。不仅如此，外交交往中，羊也是馈赠佳品。

除了皇室，宋代的官员群体也是羊肉的忠实消费者，其实按照当时的工资标准，一般的公务员是吃不起的，衙门三班每个月的薪水大概在七百钱。大中祥符年间，有一个人在驿馆的房间题诗一首："三班奉职实堪悲，卑贱孤寒即可知。七百料钱何日富，半斤羊肉几时肥。"大概也是因为俸禄太少，羊肉又太好吃，朝廷大笔一挥，决定高薪养廉，干脆一部分俸禄用羊肉结算好了。比如，大中祥符二年（1009），宋真宗下诏规定：凡是去外地没带家属赴任的官员，除俸禄外，每月"许分添给钱赡本家。添给羊，凡外任给羊有二十口至二口"。这一诏令后被沿用。宋代官员最多时约四万人，依诏令推算，仅此一项宋朝每年都要消耗数百万只羊，因此各地为了供给皇室、官方接待、官员分发、祭祀等，开了很多国营牧场。民间的养羊业也十分发达，特别在北方地区，几乎家家养羊。神宗时，知太原府韩绛就说过，当地的"驼与羊，土产也，家家资以为利"。民间养的羊，除了当地百姓吃，官方还会收购，因此，养羊是有利可图的。南方的养羊业虽然不及北方，但也很普遍。随着宋王朝南渡，黄河流域大量的居民随之南移。他们把大批原来生长在晋冀鲁豫的绵羊带到南方，利用当地养蚕剩下的蚕沙、桑叶来喂羊，一方面这些食料本来就是就地取材、变废为宝，另一方面，蚕沙桑叶清凉去火，羊吃了反而去除了体内湿热，不容易生病，经过漫长的本土化适应，一种耐湿热的著名品种——湖羊——横空出世。

大量的羊经过饲养涌入市场，不但由社会上层人士消费，也在富人阶层中备受欢迎。比如在北宋汴京，大街小巷的肉铺、饭店都有很多羊肉菜点："大凡食店，大者谓之'分茶'，则有头羹、石髓羹、白肉、胡饼、软羊、大小骨角、炙䐑腰子、石肚羹、入炉羊罨、生软羊面"。而随着宋皇室南迁，北方的食羊风气也被带到了南方，临安的羊肉消费同汴京相比也不遑多让，"杭城内外，肉铺不知其几"，临安甚至出现了专门经营羊肉食品的大酒店，又有肥羊酒店，如丰豫门归家、省马院前莫家、后市街口施家、马婆巷双羊店等。不只大城市，甚至连一些偏远的南方地区，也有食用羊肉的记载。例如，陆游离开鄂州途经一个农村过重阳节时，就写道："自离鄂州，至是始见山。买羊置酒。盖村步以重九故，屠一羊，诸舟买之，俄顷而尽。"一只羊，刚杀了不一会儿就卖完了，可见羊肉大受喜爱。事实上重阳节吃羊肉已是当时的一种节俗，因为在临近冬天的重阳节时，吃羊肉可以防寒温补，抵御病侵。中医认为羊肉性温而不燥，可以暖中驱寒、温补气血、开胃健脾。

到了元代，因为大批习惯吃羊肉的蒙古人和色目人迁入北方农业区，羊肉的地位就更不可撼动了。元朝皇帝的御膳，每日"例用五羊"，末代皇帝即位后"日减一羊"都被认为是省吃俭用的贤明之举。但凡官家大宴会，羊肉必出场。民间对羊肉的偏爱与宋朝相比，也有增无减。富家子弟们早上起来"先吃些个醒酒汤，或是些点心，然后打饼熬羊肉，或白煮着羊腰节胸子"。

吃羊，已经渗透到了土豪富贵阶层的日常中，大家吃的可不只是羊，更是一种优越感。

而到了明朝，猪肉渐渐流行，到清朝更是逆风翻盘，成了汉族的主要肉食，羊肉称霸的黄金时代，也随着历史渐渐暗淡，成为了那个时代独特的记忆标签。

色香味俱全

在长期的食羊过程中，宋人总结出了层出不穷的烹制方法。宋孝宗曾在宫中为他的老师胡铨摆过两次小宴，据《经筵玉音问答》载，第一次以"鼎煮羊羔"为首菜，第二次是吃"胡椒醋羊头"与"坑羊炮饭"。第二次，孝宗一边吃一边赞道："坑羊甚美。"这次宴请中，御厨就采用了不同的烹饪方法制作羊肉菜肴。

据《东京梦华录》《梦粱录》等不完全统计，羊肉制品主要有五十多种：排炽羊、入炉羊、羊荷包、炊羊、点羊头、煎羊白肠、羊杂碎、羊舌签、羊头元鱼、羊蹄笋、批切羊头、蒸软羊、鼎煮羊、羊四软、闹厅羊、美醋羊血等，各个部位都被开发出不同的吃法。

从羊肉的制作中，便可管窥宋朝的烹饪技艺相较前代有着质的飞升，炸、熘、爆、炖、煮、烤、煨、蒸、点、煎、蜜三十多种样样都有。如果说吃羊讲究还只是一种仅限富人在乎精细烹饪的错觉，那对于其他食材的烹饪也花样百出则代表了一种全民讲究的整体气质了。

食物，从宋之一代，开始呈现出越来越美的一面。色、香、味俱全，成了从那时开始并延续其后千年的、人们对美食的基本认知。从刀功、配菜、加热、着味到摆盘，整个食物的烹饪过程都浸润着时人精湛的技艺与基本的审美。

从备菜起，宋人就会根据菜肴的做法不同，区分出不一样的方法。比如，鸡鸭鱼虾都有着令人喜爱的形状，这类菜肴一般不会在形状上进行人工雕琢，都以整只的烹制出现，显得朴素大方。

而另一些食物，就要根据需要拆分解体。比如，《东京梦华录》载：

"坊巷桥市，皆有肉案，列三五人操刀，生熟肉从便索唤，阔切片批，细抹顿刀之类。至晚即有燠曝熟食上市。"

《梦粱录》也载：

"杭城内外，肉铺不知其几，皆装饰肉案，动器新丽。每日各铺悬挂成边猪，不下十余边。……且如猪肉名件，或细抹落索儿精、钝刀丁头肉、条撺精、撺燥子肉、烧猪肝肉、臂肉、盦蔗肉。……肉市上纷纷，卖着听其分寸，略无错误。"

因为猪肉的软硬、肥瘦程度不同，所以，在切割的时候要采用不同的刀法，"阔切、片批、细抹、顿刀"等便是根据猪肉的上述特征而选取的操刀方法。"细抹落索儿精""钝刀丁头肉"等这些猪肉名称，也都是因其刀法而得，操刀者切割时能够做到"听其分寸，略无错误"，可见这些肉贩的刀工与刀法，已经娴熟到出神入化的境界。

根据烧制的时间和方法不同，这些荤菜品还会进一步细化成块、片、条、丝、丁、粒、末等，既便于热熟，又便于生腌入味，再搭配上美观协调的花样外形，瞬间把品尝者的食欲拉满。当时的荤菜有不少是以刀工细切出名的，比如"算条巴子""银丝羹"等。之所以把食材切得更精细，主要是这时炒菜开始真正地普及，大多数时候炒都需要大火急入味，为了能在短时间内炒熟炒透，刀法必须跟得上。

事实证明，刀法不但跟上了炒菜的节奏，甚至还抢跑了，精湛的刀工在日常中并不能淋漓尽致地体现，于是刀工了得的师傅们通过原料的造型又找到了一个新的技术秀场。他们发明了很多象形菜，或雕成人物及动物，或为花果。雕刻的材料也五花八门，笋、冬瓜、金橘、木瓜，软硬度适中的材料都可以拿来雕。比如，临安王公贵族的宴席上就常设蜜煎雕花食品：雕花笋、雕花姜、雕花梅球儿。硬度不够的就想办法定型。比如，临安名菜"两熟鱼"，其实根本不是鱼，是以"熟山药两斤，乳团一个，各捣烂，陈皮三斤、生姜二两，各剁碎，姜末半钱、盐少许，豆粉半斤调糊，一处拌，再加干豆粉调稠作馅儿。每粉皮一个，粉丝抹湿，入馅儿折掩，捏鱼样，油炸熟，再入蘑菇汁内煮。"实际上这就是以鱼为造型的一道素菜。只是这道普通的菜通过造型变得有了观赏价值不说，其中又加入了陈皮、姜等作料，又在其中包馅儿后油炸，再经过一道入汁煮的工序，听着都觉得香。

这道菜用的调味方法就是当时流行起来的典型调香法。用油煎炸来去掉食物原料中不良的气味，而把原料中含有的淀粉、蛋白质、氨基酸经高温变为甲基糖醛和黑蛋白，散发出诱人的甜香。再混合上含有醇、醛、酯挥发性芳香烃的香料，如茴香、葱、姜、蒜、酱、油、醋、酒等，香气自然形成。经过前代的经验积累，香料有了一些固定的经典搭配。比如去腥膻，有"羊肉放在锅内，用胡桃二三个带壳煮，三四滚，去胡桃，再放三四个，竟煮熟，然后开锅，毫无膻气"。又如"煮笋入薄荷，少加盐或以灰，则不菱"，"洗鱼滴生油一二点，则无涎。煮鱼下末香，不腥"。用酒去腥也在宋朝开始出现，比如酒蒸羊、酒泼蟹、酒烧香螺，通过调味，让食材味道凸显得或浓或淡。

在长期烹饪实践中，国人对香料的度掌握得越来越到位，调料，可以去腥膻、提香鲜，但放多了不行，容易将食材本身的鲜美所掩盖。比如，"山煮羊"就用"羊作脔，置砂锅内，除葱椒外有一秘法，只用捶真杏仁数枚，活水煮之，至骨亦糜烂"，这里就是只用杏仁清炖羊肉。又如，"持螯供"的制作："每旦市蟹，必取其圆脐，烹以酒醋，杂以葱芹，仰之以脐，少俟其凝，人各举其一，痛饮大嚼。"吃蟹只就以酒醋和葱芹，才能更好地发挥蟹本身鲜美、醇厚的味道。

不光调料讲究，搭配也同样讲究。例如，"肉生法"的制作："用精肉切细薄片子，酱油洗净，入火烧红锅、爆炒、去血水、微白，即好。取出，切成丝，再加酱瓜、糟萝卜、大蒜、砂仁、草果、花椒、橘丝、香油拌炒。"这道菜中，动物性食物原料"肉"和植物性食物原料"酱瓜、糟萝卜"相配，佐以大蒜、砂仁、花椒等调味料，临吃时再用醋拌匀，"食之甚美"。这种荤素搭配的思路诞生了很多新的菜式组合，所有的肉食都可以选择合适的素食搭出新花样。又如，"山海兜"的烹制："春采笋蕨之嫩者，以汤沦过，取鱼虾之鲜者同切作块子，用汤泡裹蒸熟，入酱油、麻油、盐、研胡椒同绿豆粉皮拌匀，加滴醋。"脆嫩的春笋、蕨菜配上新鲜的鱼虾，这样荤素结合、红绿相配，真的是既养眼又养胃。

不同色彩的食物混合在一起，摆在盘中极为鲜美亮眼，可使食肴层次分明，令食客赏心悦目。北宋开封的饮食市场上有许多肴馔都是以鲜美的色泽搭配取胜的，如"赤白腰子""二色腰子""五色水团"等。到了南宋，临安饮食市场上的这类肴馔就更为丰富了，仅《梦粱录》卷十六《分茶酒店》一节就记载有十色头羹、三色肚丝羹、三色团圆粉、二色水龙粉、鱼鳔二色脍、小鸡二色莲子羹、五色假料头肚尖、三色水晶丝、冻三色炙、十色咸豉、下饭二色炙等十多种彩色肴馔。

两餐制到三餐制

炒菜，使食材通过形状和荤素原料的搭配产生了不同的排列组合结果，一下子让菜谱丰富了许多，原来一人一桌的小小的条案上，已经摆不下如此琳琅满目的肴馔，由此催生出的必然是吃饭方式的改变。

如第三章所述，在初唐以前，人们进食多是席地而坐，面前放一低矮食案，食案上是食物，单独进餐的分食制一直是主流，到唐代中后期，出现了"会食"，在这种制度中，人们已不再一人一案，而是围坐在长条案上。虽然人"合"在一起了，但食物仍是分开的，主要的菜肴还是按人头分配，只有饼、羹、汤、粥类食物共用一个容器，有点类似于今天的西餐制。其实到晚唐时期，肴品的数量就开始增多，"会食"无法完全满足人们一次宴饮品尝多种菜肴的需要，因此，这种食制终究没有像西餐

171

制一样成为流传至现代的终结者，而成为了去往"合食"路上的过渡。到宋时，不仅宴席，日常饭食也开始渐渐丰富，最终所有的食物都变成共器而食，也就诞生了一直延续至今的"合食"。

合食既能保持多数菜肴的相对完整性，如鸡鸭鱼以及有造型的菜肴，吃饭的同时，赏心悦目的形态还能增加食欲，同时又满足了人们一次品尝多种食物的需求。当然，除了烹饪技术的发展和人们一次品尝多种菜肴的欲望之外，导致这种转变产生的因素也很多。从分到合的转变也是一个漫长的过程。在相当长一段时间里，两种方式是并存的。

只是宋之前，是以分食制为主流的。《易林》中记载"二人同室，兄弟合食，和乐相好，各得所欲"，这指的汉代合食现象；《启颜录》里有个故事："与人共饭素盘草舍中，嘲之曰两猪共一槽"，"合食""共饭"说明至少在汉代，合食就存在了，但显然合食在当时并不体面，是被人笑话的，那是因为以前人们席地而坐，与之相配的是低矮分开的食案，合在一起共进餐食，确实和其他动物没什么分别。

魏晋南北朝以降，居住在西北地区的匈奴、鲜卑、羯、羌等民族拉开了百年的胡汉大融合，传统的低矮家具随之发生了变化，床榻、胡床、椅子、墩杌等胡风坐具渐渐取代了席子，传统的席地而坐渐渐变成了在椅凳上垂足而坐。在唐代，吃饭的坐姿还不太统一，女性一般仍是跪坐就餐，而男性则多学胡风盘腿，到宋时，吃饭的坐姿日渐统一，跪坐和盘坐都消失了，南北朝时还有好朋友"割席而裂"之事，到了宋末已经是好汉老铁"交椅排座"。从南北朝到宋，家具的高度越来越高，唐时出现了几乎和坐着的条凳一样高的食床，到宋时，已经彻底被高足桌子替换掉了，高大桌椅的普遍使用让人们围坐一桌显得顺理成章。

观察分食到合食的转变，还能发现一个有趣的现象，就是分食时的阶级分明，在合食时并不那么明显了。早期的分食下，主客有明显的席别，男女不同席，君臣不可同席，身份、地位和阶层在一顿饭中体现得清清楚楚、明明白白，但是随着隋唐科举的普及，门阀政治走向了衰败，贵族与平民之间的差异慢慢被弥合，也由此开始，皇室之外，大家规矩没那么多了。

合食的氛围让家庭聚餐、朋友聚会热闹轻松，大家围坐一桌，有说有笑，渐渐成了宋朝百姓常见的饮食方式。但皇家为了维护严肃正统，多少还保留着古老的分食传统。宋朝覆灭后，元朝当政，这个来自草原的统治者本身就是自古合食的蒙古族，元朝的统治者们顺水推舟，大力推广合食，所以从宋到元，合食渐渐成为主流。

虽然合食的气氛比分食随意得多，但尊卑位序还是会从座次中显示出来。在过去的分食中，首席一般由家中的长者或者官位最大的人来坐，在室内就以东为尊，堂上以南为尊，所以主位坐西朝东，尊位坐北朝南，分食入席必待首席落座，合食后一样，按照尊卑顺序排座次，必须首席落座后，其余人才可以坐。这种入席的次序，没有随着餐桌上的分分合合而改变，而是一脉相传至今如此。

同样由宋传至今日的，是一日三餐。在第三章中已经提到，秦汉时期，一日两餐比较普遍，只有辛勤脑力劳动的皇帝才有三餐，随着人们生活水平的提高，三餐制逐渐平民化，至两宋时期，三餐制已经基本普及。

普及到什么程度呢？如果读读宋朝的史籍就可以发现，"三餐"一词在宋代文献中多次出现，如南宋人姚勉《雪坡集》卷四六《建净土院疏》载："不妨旧店新开，一日三餐要使饥人饱去"；北宋人谢邁《与诸友汲同乐泉烹黄檗新芽》载："寻山拟三餐，放箸欣一饱。"

由此可见，三餐制已经成为固定的餐制得到了社会民众的认可。宋人通常在天微明时食用早餐，按照孟元老《东京梦华录》卷三《天晓诸人入市》载，北宋东京早市上"酒店多点灯烛沽卖，每分不过二十文，并粥饭点心"。所以，那时的早餐应该多为羹粥流食，易于消化。午餐还是一日当中的主餐，有各式的饼、饭、包子等主食，配上菜肴，一般在正午时分开始，宋人林逋撰《夏日寺居和酬叶次公》云："午日猛如焚，清凉爱寺轩。鹤毛横藓阵，蚁穴入莎根。社信题茶角，楼衣笕酒痕，中餐不劳问，笋菊净盘樽。"午餐是宋人一天中最为重要的一餐，大部分下层民众一天当中的主食就止于中餐了，因为当时的农业社会大多数人遵循日出而作日入而息的习惯，吃晚餐的时间比较早，餐后多较早休息，出于节省粮食的需要，所食用的晚餐与早餐无异，以流食为主。而贵族、官僚阶层等社会中上层人们由于重视夜生活，夜宴频繁，需要补充大量的能量，故进食的晚餐与中餐几乎无异，甚至比中餐更为丰盛。

宋朝开始的一日三餐，折射出的是宋朝货真价实的繁荣，因为只有老百姓富裕了，才真正吃得起一日三餐。

其实宋之前的普罗大众一日两餐，也不全是因为穷，而是因为宵禁。

北宋之前，即使想约友一二，找个饭馆吃个晚饭，喝个小酒，借着酒劲来个对酒当歌，也是异想天开。除了上元节当天可以解除宵禁，平时晚上超过七点还乱逛的，可是得担着"犯夜"的罪名。不过随着商业的发展，晚唐时禁令就不那么严格了，有宋一朝，城市布局打破了坊市界限，宵禁逐渐放开。宋太祖曾经专门降旨："令京城夜市至三鼓己未不得禁止。"夜市文化在这时候盛行起来。汴京、临安这样的不夜城中，"大街买卖昼夜不绝"，"夜市直至三更尽，才五更又复开张"；即使冬天遇到风雪阴雨，夜市也不关张。到北宋中期，统治者干脆顺应民意，取消了宵禁。

北宋东京的夜市极为繁荣，蔡绦曾形容开封夜市：繁华之处，连蚊子都不见踪影。而在这热闹非凡的夜市中，自然少不了吃食的参与。

《东京梦华录》中记载，都城最有名的夜市是州桥夜市，夜市中店铺林立，有水饭、熬肉汤、干货等吃食；还有鸡鸭鹅兔等肉类野味；夏季冷饮供应不断；冬日可寻得烤肉火锅等滋补佳品；逛累了可找到小店歇脚，点上几盘杏片、梅子姜这样的开胃小菜。而夜市中食物的价格也相当亲民。据记载，诸如鸡皮、腰肾、鸡碎这样的小吃，每个不过十五文，以当时宋人的购买力，从街头吃到巷尾，从饿吃到饱，恐怕不是什么难事。

南宋的临安夜市更甚于北宋东京。吴自牧说："杭城大街，买卖昼夜不绝，夜交三四鼓，游人始稀，五鼓钟鸣，卖早市者又开店矣。大街关扑，如糖蜜糕、灌藕、时新果子、像生花果、鱼鲜猪羊蹄肉……"

热闹而又有烟火气的夜市，催生出了这些五花八门的"宵夜"。

勾栏酒肆的迷醉人生

　　夜市中最闪亮的星，莫过于异军突起的瓦肆。瓦肆是官方颁发了营业执照的歌舞娱乐场所，可以说是宋代城市的娱乐中心。

　　瓦肆，又称"瓦舍""瓦市""瓦子"。实际上瓦肆并不是瓦制成的，跟"瓦"也没有实质性的关系，只是取了"来时瓦合，去时瓦解"、聚散无常的这层意思。一个瓦肆里会有很多个小场地，这个场地就叫勾栏。北宋末的东京城内，有桑家瓦子、中瓦、里瓦这样的大瓦舍，加在一起有五十多座勾栏，十几个看棚，其中"中瓦子莲花棚、牡丹棚，里瓦子夜叉棚、象棚最大，可容数千人"，现代的剧场、千人体育馆也不过如此。瓦肆的勾栏里，是各类艺人的炫技场，表演内容五花八门，百花齐放，汇集了各种满足大众文化需求的文体娱乐形式，日夜上演类似于后世

177

小品的杂剧、说书、跳舞、演奏、傀儡戏、皮影、沙画、魔术、蹴鞠、相扑、演唱会等节目。每一个勾栏的内容是不一样的，设施也不一样。勾栏内的设施根据具体的演出内容和形式来定。

看表演之余，货药、卖卦、喝故衣（叫卖旧衣服）、探博（赌博）、饮食、剃剪纸画、令曲统统都能在瓦肆中一站式解决，非常类似今天的购物中心。宋代虽然武备积弱，外患不断，只能不断割地求和，以求苟安于一时，但是在经济、文化等领域却如陈寅恪先生所云："华夏民族之文化，历数千载之演进，造极于赵宋之世。"

勾栏瓦肆也不过是宋代宏大商业拼图中的一块，繁华娱乐业直接带动起来的是两宋都市的餐饮业。从北宋画家张择端的《清明上河图》中就可以看到，当时的北宋汴京游人熙熙攘攘，随处可见各种酒楼、茶馆、饭店、食摊，饮食业极其繁荣。

瓦肆中的食摊饭店还只是常规操作，宋代的餐饮业老板们极富创意，直接打破了唐代以来坊市城郭的限制，甚至在庄重威严的御街及大内禁门外设立店铺，如北宋东京的琼林苑，"大门牙道皆古松怪柏。两傍有石榴园、樱桃园之类，各有亭榭，多是酒家所占"。想象一下天安门外长安街上饭店林立的感觉，宋代就是这么不走严肃的寻常路。开店开到连御街都不放过，可见宋代的饮食生意有多火爆，南宋都城临安的饮食业之盛，比北宋汴京更甚。"处处各有茶房、酒肆、面店、果子、彩帛、绒线、香烛、油酱、食米、下饭鱼肉鳖腊等铺。"

其中最引人瞩目的莫过于高端大气上档次，豪华不亚于今天的大酒楼。不过有趣的是，唐朝时盛行的高大豪华的胡姬酒楼几乎不见踪影，曾经控制河西走廊和西域的如日中天的中原王朝到如今成了屡受外族欺辱威胁的受气包，从上而下的国人们生出一股强烈的汉族意识，久而久之，大酒楼们从装潢到餐食，形成正宗国风。

如此众多的酒楼，生存竞争不可谓不残酷。老板们为了生意兴隆，多多吸引顾客，纷纷开始进行文创特色。第一招最直观，从建筑装潢入手，第一印象最重要，视觉冲击要做到。东京七十二家酒楼正店，有的正店前有楼子后有台，都人谓之"台上"；有的正店，"三层相高，五楼相向，各有飞桥栏槛，明里相通"；有的正店"入其门，一直主廊约百余步，南北天井两廊皆小阁子"，类似今天酒店内的雅间。还有些正店有园林宅院风格，如中山园子正店、蛮王园子正店等。这些园子正店多半环境清幽，景色宜人，出售的不仅是饭食，更是一份心境，凭借着高大上的格调吸引了不少人去饮酒。

当然有了门面还得有料，于是商家们纷纷使出第二招，搞经营特色。有的请名人代言，不惜千金请人写词赋诗，或者用名家书画镇场。有的店靠异性吸引顾客。例如，任店有"浓妆妓女数百，聚于主廊楝面上，以待酒客呼唤，望之宛若神仙"。有的搞开业返利。比如，白缪楼酒店，"初开数日，每先到者赏金旗，过一两夜则已"，采用先到者有赏的办法吸引顾客。有的主打服务牌。如樊楼，有顾客登门，小二笑脸迎上，"提瓶献茗"，拿出菜谱，"凡下酒羹汤，任意索唤，虽十客各欲一味，亦自不妨"。之后，小二将菜谱唱念报与厨房。上菜时，传菜人双手满负盘碗，却能脚下生风、行走自如。若顾客感觉服务不周，"白之主人，必加叱骂，或罚工价，甚者逐之"，挨训是轻的，遇到客人投诉的店员甚至可能直接被开除。也有一些酒楼就一门心思搞精品菜，如东京的白厨、保康门李庆家、黄胖家等。更多的酒楼是用本店酿制的特色美酒来吸引顾客。北宋东京的正店都酿有自己的名酒，一些店肆的名酒足可以与宫廷大内的御酒相媲美。为了扩大生意范围，酒楼们提供"外卖"跑腿，"任便索唤，不误主顾"。外卖食品花样繁多，可供选择的菜品主食多达百余种。据说，宋高宗和孝宗二人也常常舍御膳房而不顾，专爱点外卖吃。

没有了宵禁的束缚，各家酒楼都是超长的营业时间，三更关门，五更又开，到酒肆饮酒，几乎可以做到随到随饮。对此，孟元老《东京梦华录》卷二《酒楼》载："大抵诸酒肆瓦市，不以风雨寒暑，白昼通夜，骈阗如此。"由于夜生活发达，酒肆晚上的生意一般都很兴隆。宋人刘子翚《汴京纪事》之十八云："梁园歌舞足风流，美酒如刀解断愁。忆得少年多乐事，夜深灯火上樊楼。"就是描述大酒楼通宵达旦营业的景象。

歌舞、杂技、美酒、美女，一顿饭吃下来身心迷醉，要想在樊楼这样的超豪华酒楼吃得痛快，喝得尽兴，大概得花多少钱？宋代话本《赵伯升茶肆遇仁宗》里有首诗颇能说明樊楼的消费水平：

城中酒楼高入天，烹龙煮凤味肥鲜。

公孙下马闻香醉，一饮不惜费万钱。

宋朝"钱法"较乱，按照当时的均值计算，一两银子约合一贯钱，一贯大约一千钱左右，花费万钱就是十两银子！宋朝的一两银子折合人民币大概一千元，纸醉金迷的大酒楼果然自古 z 至今都是给腰缠万贯的上层人物消费娱乐的。

广大的下层百姓们多数只能望楼兴叹，不过这并不影响他们在小一点的平价酒肆消费。这些小店通常又称为"脚店"，主要是卖各色茶饭下酒，说起来主要是环境菜品不一样，酒则多数还是从上面那些大酒楼批发来的，门口常立酒旗为标志。为了在激烈的竞争中生存下来，城镇中的一些中小酒肆也各有一本生意经。也有专卖饮食的店铺，大的称"分茶"，小的有特色川味饭店、专卖南北熟食的小店，如曹婆婆肉饼店、王楼山洞梅花包子店、万家馒头店等；还有专门满足吃素需求的素食店。

不但大的酒店设有雅座包厢、有歌妓待召，一些小店之中，也有了妓女支应："大街有三五家开茶肆，楼上专安着妓女，名曰'花茶坊'"；卖酒兼卖下酒菜肴的"开沽"，也"俱有妓女，以待风流才子买笑追欢"；分茶酒店、面食店等店中也"俱有厅院廊庑，排列小小稳便儿，吊窗之外，花竹掩映，垂帘下幕，随意命妓歌唱，虽饮宴至达旦，亦无厌怠也"，酒店茶肆、点心食店不再是单纯的饮食场所，而是具有了消闲娱乐的性质。尤其是各茶肆，渐渐发展成为市井文艺沙龙。

当宋词融入饮宴

　　"不以风雨寒暑，白昼通夜"的经营固然反映了宋朝人民巨大的消费能力，另一方面也展示出文化艺术对宋人的巨大吸引力。从国家大宴到百姓行乐，从勾栏瓦肆到酒肆茶楼，宴会上必不可缺的就是"乐人"。不同于大型的节日庆典中，曲艺杂技样样具备，相对而言，吃饭的环境下，乐器和说唱技艺更受欢迎。比如，以传统箫管、笙、阮、稽琴、方响之类的传统交响合奏的"细乐"，说唱诸宫调、唱叫、小唱、嘌唱、唱赚、覆赚等音乐歌唱艺术形式，甚至市肆中卖茶卖水、卖酒卖糖的店铺，也唱曲儿，敲响盏，或"以鼓乐吹《梅花引》曲破卖之"。

　　而终南北两宋，宴席上最动人心弦，也是最受欢迎的，莫过于曲子词。

　　曲子词主要指"散乐传学教坊十三部"中之歌板色所唱歌

曲。与嘌唱、唱赚、缠令、叫果子等不同，曲子词的歌唱者一般得是长得好看的妙龄少女，"娉婷秀媚，桃脸樱唇，玉指纤纤，秋波滴溜"，唱歌的声线要柔美婉转，身份则多为妓女。大多宋词之所以清丽婉约，主要是为了符合歌唱者——十七八岁女郎的身份特征。因此春恨秋愁、风花雪月、相思离别等这些少女才会有的心情，往往是宋词中出现最多的题材。

从朝廷御宴到民间宴席，歌妓唱曲就像春晚的《难忘今宵》一样，是最基本的一个保留节目。当时著名的歌星也有很多，流传到今天为人所知的已经不多了，但被各大当红歌妓偏爱的作词人柳永，却被更多的现代人所熟知。

这位千年后依然知名度很高的浪荡文人柳永，在当时可是炙手可热的顶流。柳永词被全国各地的歌妓演唱，以至于"凡有井水饮处，即能歌柳词"。他自称"奉旨填词"，常年混迹在平康曲巷的酒楼妓馆，遇到喜欢的漂亮姑娘就给人家创作一首婉转媚人的赞歌，比如："心娘自小能歌舞，举意动容皆济楚。解教天上念奴羞，不怕掌中飞燕妒。玲珑绣扇花藏语，宛转香茵云衬步。王孙若拟赠千金，只在画楼东畔住。"（《玉楼春》）

一个词牌的玉楼春，不但送给"玲珑绣扇花藏语"的心娘，还有"唱出新声群艳服"的佳娘和"每到婆娑偏恃俊"的虫娘。收之桑榆的柳大词人因为叙事妥帖，清丽婉转，在民间大受欢迎，甚至收获了大批同僚迷弟；但也因这不庄重，一生官场失意，以致兀自在夜半的瘦西湖边哀叹"二十四桥仍在，波心荡，冷月无声"。当时出名的还有很多其他饮宴词人，周邦彦的词格律谨严，典丽精工，也多传唱于妓席之上，甚至在周邦彦去世之后多年，他所作的歌词仍然在宴席上传唱不歇："沈梅娇，杭妓也，忽于京都见之。把酒相劳苦，犹能歌周清真《意难忘》《台城路》二曲"；大晟府制撰万俟咏所作歌曲也是妥帖华赡，受到全社会上下的喜爱，以至于"每出一章，信宿喧传都下"；关咏作《迷仙引·春阴霁》，词章一出，立刻走红，"人争歌之"；晁端礼作《黄河清慢·晴景初升》，也流行一时，"时天下无问迩遐小大，虽伟男髫女，皆争气唱之"。不同于而今各大网络音乐平台，京城的酒楼、民间的宴席就是当时歌曲重要的传播平台。

至于士大夫的宴饮活动中，歌词的欣赏、创作、演唱更是占了主流地位。在士大夫官僚之间的应酬交际活动中，迎来送往、公务轮换，例有宴席，要备词劝酒，作词留别；要是再根据到场人针对性地准备，融洽愉快的气氛一下就烘托起来了。例如，贾昌朝作北都太守时，欧阳修出使北国，回来时路过北都，贾昌朝要招待欧阳修，酒宴之上，直接安排歌姬们全唱欧阳修的词作，排面儿给足，使得欧阳修"把盏侧听，每为引满"，宴席气氛融洽无比。宴会上酒一行再行，每一盏酒，都要唱一首曲子来送酒，晏殊"一曲新词酒一杯"，张先"水调数声持酒听"就是说的这种歌词送酒的情形。随着行酒过程的开展，宾主情绪逐渐高涨，气氛渐趋热烈，歌词也被大量地创作出来。

师友间一起吃饭，也要作词侑觞、赓韵唱酬。例如，晏殊宴客，作《木兰花·东风昨夜回梁苑》侑觞，当时坐客皆和，纷纷以东风昨夜为开头回作。苏东坡离杭赴京，离开杭州的送别宴会上，浙漕马中玉赋《玉楼春·来时吴会犹残暑》送东坡，东坡也作《玉楼春·知君仙骨无寒暑》相酬。

甚至士大夫与家人姬妾的家宴，也少不了要作词唱词，以表达情意、享受生活。至于情人小别、远游归家之接风饯送之宴，更是少不了曲子歌词的身影。

比如，即将出差的韩缜，临行前与爱姬刘氏通宵饮酒，写成"且作乐府词留别"，调寄《凤箫吟》："锁离愁、连绵无际，来时陌上初熏。绣帏人念远，暗垂珠露，泣送征轮。长行长在眼，更重重、远水孤云。但望极楼高，尽日目断王孙。销魂。池塘别后，曾行处、绿妒轻裙。恁时携素手，乱花飞絮里，缓步香茵。朱颜空自改，向年年、芳意长新。遍绿野，嬉游醉眼，莫负青春。"

不论大宴小聚，作词下酒，都是必不可少的娱乐项目。拥有着崇高的社会地位的文人士大夫，通过娱乐作词，在宴会上立马脱去严肃正经的外衣，被还原成一个个普通人，期待美色和柔情来满足他们的感官需求。

翻开《全宋词》，咏花、酒、茶、妓、歌、舞、男女之情的词占了大部分，其中，歌咏歌儿舞女的容貌体态、情绪心事的词为数最多。佳人的美眸、红颜、金钗、绿鬟、素颈、细腰、玉手、罗衣、绣裙、纤足、文鸳，她们的转盼、语笑、步态、神情、舞容、歌喉等，都成为词人最乐于描写的对象。如晏殊的《浣溪沙》："淡淡梳妆薄薄衣。天仙模样好容仪。旧欢前事入颦眉。闲役梦魂孤烛暗，恨无消息画帘垂。且留双泪说相思。"欧阳修的《长相思》："深花枝。浅花枝。深浅花枝相并时。花枝难似伊。玉如肌。柳如眉。爱著鹅黄金缕衣。啼妆更为谁。"秦观的《浣溪沙》："香靥凝羞一笑开。柳腰如醉肯相挨。日长春困下楼台。照水有情聊整鬓，倚阑无绪更兜鞋。眼边牵系懒归来。"

不管士大夫在现实生活中如何郑重，在娱乐的宴席上，他们却常常化身为多情的才子，爱慕着席上如花的佳人。比如，一向不好女色，拥有爱妻人设的苏轼，写下过"十年生死两茫茫，不思量，自难忘"的他，在年老时也在朋友席间写过《鹧鸪天》赠侍儿素娘："笑捻红梅弹翠翘。扬州十里最妖娆。夜来绮席亲曾见，撮得精神滴滴娇。娇后眼，舞时腰。刘郎几度欲魂消。明朝酒醒知何处，肠断云间紫玉箫。"

宋代的宴饮场合大多数时候固然呈现出一派风花雪月的行乐风貌，但同时它也是有着共同爱好、共同志趣的朋友在一起盘桓的沙龙，是有着共同利益的人们进行交际的媒介，是社会气候和政治风云的折射，是各种不同的人生遭际和思想观念交汇的舞台。在这个舞台上，流动着各种各样的生命体验，其中有相思离别、春愁秋恨，也有漂泊转徙、激情壮采，正如张炎《词源》中所说："故其燕酣之乐，别离之愁，回文题叶之思，岘首西州之泪，一寓于词。"

瓷器餐具的兴起

两宋的文人情趣弥漫在各个阶层，不但在酒宴的词上得以展现，在饮食器具上亦有所体现。正所谓"美食不如美器"，由宋而始的几百年间，告别了温饱的国民，不再如唐之前人傻傻地用"君子为腹不为目"自我安慰，只管实用为主，转而开始不断地在美观和实用之间协调。精美的做工、典雅的造型、耐看的外观融入一盘一碗、一杯一壶中，饮食也从果腹上升到瞬间的艺术。不只如此，不同于汉代对漆器的青睐，唐代对金银的膜拜，由宋开始的全民化高雅，使得上流社会也更喜欢用内敛淡雅的瓷器。

其实瓷器作为餐具使用早在商代中期、西周、春秋战国时期就已经出现了。但是真正取代木器陶器成为主要餐具的时间却是在东汉末年。魏晋南北朝时期由于瓷器工艺技术进步，青瓷、黑釉瓷逐渐出现在人们的视野中，而且在瓷制餐具出现之后，其他材质的餐具逐渐被人们所淡忘。因为，瓷器真的太好用了。陶器作为餐具，槽点确实很多。颜色单一还可以忍，容易坏就不能忍了。想象一下正做着饭，突然锅底漏了，劈柴点火，切墩下锅，半天的努力都白费，实在令人恼火。于是，在漫长的摸索中，更精美、更耐用、更方便的瓷器就这样诞生了。

陶作为容器，铸造的形态很有局限性，所以，早期装米饭的容器大多是用竹子或者木头制成，叫作"和"，然后人们可以用勺或者匕来食用。不同于上层社会，普通人家，却还只能使用得起木头与竹子，所以"和"在用于吃菜喝汤这一方面又不能胜任了。故而，"盘"这个餐具便被发明了出来。这里需要提一句，古代很早就有碗。但是，碗仅是作为喝水或者喝酒的工具存在，不能用于吃菜喝汤，所以"盘"便是替代于"和"的一种新型餐具。

古代的盘，可大可小，可深可浅，可用于吃菜也可用于喝汤，所以备受人们的喜爱，一直延续至今。战国以后，盘便取代了"和"作为主要的进食工具，为人们所使用。例如，唐朝诗人李绅在《悯农》一诗中就有言道："谁知盘中餐，粒粒皆辛苦"，此中的盘便是用盘子吃饭。

随着瓷器技术的成熟，因其美观且样式多变等，渐渐取代了木制品、竹制品的地位，作为主要的餐具形式，为世人所使用。

而因着加工工艺的变更，餐具的形状也渐渐出现变动。一直作为进食主流的刀与俎渐渐退出了餐具的历史舞台，而匕也因着工艺的变更，由尖头变得更加圆滑，加之以瓷制的长柄，便形成了圆头的瓷匙。随之瓷盘、瓷碗、瓷匙、筷子便作为了主要的用餐工具，得以沿用。

明朝起，更是将碗作为较为重要的进食工具，主要用于盛饭盛汤。譬如，宴会根据规格的不同就有所谓的八大碗、六大碗以及四小碗之分。而盘则作为主要的盛菜工具进行使用。盘的规格到此时也有了明确的区分，按照其大小有了大盘、中盘、小盘的区别。但是，有时往往又因盘子过大，较占地方，也不利于搬运等不良之处，所以"碟"便应运而生。小于盘的一律称之以碟。盆碟也作为主要的盛菜器皿而供人使用。

早期的瓷器，一般都是青色，外观并不是很精美，甚至有些平平无奇。到了魏晋南北朝时期，由于制造工艺不断提高，青瓷逐渐普及，并且形成了南方和北方两大青瓷系统。在北朝时期人们通过不断地改进，成功地烧制出了白瓷。到了唐代，制瓷业在规模、技术、艺术上都超越前代，瓷窑更是遍及大江南北。唐代由于瓷器产区日广，各地区出现不同风格的瓷窑体系，故开始在窑上冠以地名，如越窑、邢窑、岳州窑、洪州窑、寿州窑等。此时青瓷、白瓷都发展到成熟、完善的地步，并且逐步形成了青瓷和白瓷并驾齐驱的局面。那个时候的瓷器以北方的邢窑和南方的越窑最为著名，其一白一青，遥相辉映，史称为"南青北白"。到了宋代，瓷器真正大行其道，几乎所有重要的窑口，都能生产出各式各样的饮食器具，哥窑、钧窑、定窑、汝窑、越窑等更是其中的佼佼者。

北宋的官窑是给朝廷专供的，造型古朴、典雅，釉质淳厚、匀润，釉色温润如玉，纹片如宝石冰裂，器口微微泛紫，底足褐色如铁，其清籁幽韵、趣雅拔俗的艺术风格和追求，是其他瓷种所望尘莫及的。同时，北宋官瓷作为一种尊贵和权势的象征，是中国历史上唯一没在市场上流通的瓷器，于一般百姓来说，是想都不敢想的。

哥窑的瓷器则胎色多深，有黑、深灰、浅灰及土黄多种，其釉均为失透的乳浊釉。定窑为宋代北方著名瓷窑。定窑窑址在河北曲阳野北村。始烧于晚唐、五代，盛烧于北宋，金、元时期逐渐衰落。盘、碗因覆烧，有芒口及因釉下垂而形成泪痕之特点。

后世名扬千年的瓷都景德镇在当时并没有那么有名，北宋五大窑口的名气实在太大了，但非著名也有非著名的好处，五大窑所生产的精美瓷器大部分为皇室和上流社会所用，一般的百姓是无福消受的，景德镇悄悄地仿制了当时定窑，简直是性价比极高的平替版。最大的不同在于，定窑当地烧柴，烧出的瓷器是白中闪黄，而景德镇烧柴，瓷器釉色介于青、白之间，青中有白，白中泛青，故称青白瓷。由于经济重心向东南方向移动，外加两宋时期中原与辽、金长期不稳定的外交，海上贸易的风行，使物美价廉的景德镇瓷器一下子变成了出口宠儿，随着大规模的外销出口，景德镇一下为南迁朝廷贡献了大笔军费，变得尤为重要。

景德镇在元代迎来了转机，最终成就了在中国陶瓷史上辉煌的霸主地位。原因就在于蒙古人占领饶州之后，非常喜欢当地盛产的青白釉瓷器，蒙古族和其他北方游牧民族一样，都喜好白色。在他们的萨满教观念中，黄金氏族，也就是成吉思汗一族的骨头是白色的，是长生天之子，也就是上帝的儿子。再加上北方多雪，长期白茫茫一片，白色又极为容易脏，只有那种不事生产的贵族才能享用。蒙古时期，部落不富裕，黄金罕见，白银为重宝，所以这些原因综合起来，白色就成了蒙古族最爱的贵色；南宋时期颇受宋廷珍视的官窑青釉瓷器，却不为所重。景德镇因此迎来了真正的黄金发展机遇。

瓷器，从此同丝绸和茶叶一起，通过海陆交通足迹遍布全球，从宋到清，在和现在"一带一路"基本相同的"丝绸之路"上，瓷器成为中外文化交流的"使者"，带着东亚神秘高雅的风情，得到了这个星球上无数人的喜爱。中国的一杯一盘，从此走向了世界。

浓淡相宜：明代

辣椒的魅力

瓷器真正走出国门是从郑和下西洋、大航海时代新航路的开辟开始的，逐渐传遍东南亚、非洲、欧洲和拉美等地区。一艘艘满载绫罗绸缎、彩帛瓷器的大船，换来的是宝石、香料、珍禽异兽以及各种各样奇妙的土产、番薯、玉米、马铃薯、烟草、花生、向日葵、辣椒以及东南亚的香料，就这样乘风破浪、风风火火地传入了中国，从此彻底改变了中国人的餐桌。

不过，外来的作物在明朝大多没有得到大力推广。比如生长周期短，产量高又耐寒，在欧洲遍地发光发热的土豆，到了中国先经历了一波水土不服。甚至因为长得丑还有芽，人们都怀疑它有毒，经历了上百年的波折，才终于在清代遍地种植。堂堂高产王者玉米，也因为不适合平原种植不受官方待见，不宣传不推广，后来是明末的战乱、饥荒、土地兼并造成农民流离失所去山上垦荒，才带动了玉米的普及。

　　比这些主食经历普及过程更漫长的是各种舶来的香药。从最初的宗教祭祀圣品，到达官显贵的奢侈物，到文人雅士的品评清雅之物，再到普通百姓能够消费得起的饮食调味料，从异域传入的香药经历了从两晋到明中期的上千年。诸如木香、紫檀、槟榔、沉香、丁香、没药等香货，最初的香料大多经过陆上丝绸之路，由阿拉伯半岛的也门、伊朗而来，因为进口的量少稀有，只能作为奢侈品和医疗保健品供上流社会独享。等到明朝时，随着海上贸易的增加，各类东南亚香药源源不断地输入，胡椒、豆蔻、丁香、苏木香这些直接进入了寻常百姓家，迅速充斥了日常饮食，尤其是胡椒，不仅用来腌渍肉脯、果干、还可调酒、调汤，几乎是万能辛味调料。从城市到乡村，从沿海到内陆，香料渗透到一饭一食，"五香""十三香"等浓重的滋味就此风靡了整个大陆。

　　与摸爬滚打多年才在中国饮食界站稳脚跟的外来物料相比，辣椒是最幸运的，从传入到流行很快蹿红。辣椒，又称"番椒"，原产于美洲，明末才传入中国。最早出现在万历十九年（1591）浙江钱塘人高濂所著的《遵生八笺》上："番椒丛生，白花，子俨秃笔头，味辣，色红。甚可观。"一开始辣椒的出名主要是花好看，等到崇祯十二年（1639）刻版的《农政全书》，辣椒就跟在了花椒后面："番椒，亦名秦椒，白花，子如秃笔头，色红鲜，可观，味甚辣。"再后来的书中，辣椒就完全替代花椒了。

花椒是历史最悠久也是使用最广的辛料，所谓辛和辣，其实在味觉上基本没区别。在辣椒流行之前，国人一直强调的五味就是"酸甜苦辛咸"。辛料很早就运用在菜肴中，用来祛除肉食的腥膻味，在辣椒没有出现之前，花椒、姜、茱萸是辛料中三大王牌，其他还有葱、蒜、胡椒、芥末等。

从《诗经》时代，花椒就开始出镜，《诗经·周颂·载芟》记载："有椒其馨。"类似的记载在《唐风》《陈风》以及《离骚》中都能找到，从先秦早期的"椒柏酒"到三国两晋的花椒煮茶，从三国"脯腊""菹绿"到两宋名菜"蟹生"和"算条巴子"中对花椒的取用，花椒，就像是中东的滋味之魂小茴香一样，代表了历史上的中国辛味，万能且易得。中国的花椒产地几乎遍及全国，浙江、山东、巴蜀、河南、山西、陕西、甘肃几乎都产花椒，其中最著名的当属陕西的川椒和四川的蜀椒。

今天重麻辣的四川，在辣椒出现前并非不吃辣，事实上，巴蜀地区在历史上早就偏好重口味。《华阳国志·巴志》称物产有椒，而《蜀志》中称蜀人"好辛香"，便可为证。从北魏到明代，花椒出现的频率越来越高，几乎成为各种菜品的必备调料，元明时期麻味的影响更大，川椒的运用在全国饮食中占有绝对地位。据正德《四川志》记载，明代政府每年从四川采办的川椒达六百八十斤，办买一百斤，主要用于宫殿饮食之用。明代《便民图纂》卷八和卷一四记载当时正月初一所饮屠苏酒中便要加川椒，而制造腌鹅鸭、牛腊、鹿脩、糟鹅、鲊、酒蟹、大料物法、素食中物料法、一了百当酱等都要加川椒。但从清代开始，胡椒和辣椒渐渐抢占了花椒的市场份额，花椒的麻味逐渐被挤到四川一角。花椒的遇冷最直接的体现就在于，清代禽兽类菜肴中，需要用到花椒的菜品从百分之五十九降到百分之二十三。当然，菜品中不再重用花椒也不全是因为辣椒的替代，而是与从明到清，牛羊肉渐渐退出中国人的餐桌有关，在过去还无法登大雅之堂的猪肉，到清代几乎已经成了主要的肉类消费品。在宋时还只有慢火煨炖的"东坡肉"才能染上了一丝高贵的气息的猪肉，随着明清各种调味的增加，渐渐成了香饽饽，而猪肉虽然重滋味，却不太需要辛味调料来压制腥膻，因此花椒一下子退居二线。

姜也是比较古老的辛香料，可以追溯到先秦，吃蟹时用姜，肉食的煮制用姜，糟姜下酒都是姜的惯常用途，除此之外，姜也入药，生姜可以加工成姜片、甜姜、姜汁，驱寒祛湿、暖胃活血，基本是保健必备。同样可以入药的是茱萸，没错，就是"遥知兄弟登高处，遍插茱萸少一人"的那个茱萸，只不过诗中的应该是可以入药的山茱萸，而当调料用的是四川称为"艾子"的食茱萸。在辣椒出现之前，川菜的辣几乎都靠茱萸。食茱萸作为乔木，需得肥厚的土壤才能种，辣椒就顽强多了，即使在贫瘠的山上也能长得很好。茱萸并不如葱姜一般直接扔在锅中就可"爆香"或"炝锅"。一般都需要事先采摘，研磨成粉或久煮，再或者捣出汁液，拌上石灰制成艾油加入食物中。辣椒则不同，不但好种好长，还好储存好加工。新鲜的辣椒可以直接炝炒，也可以晾干。还能制成鱼辣子、泡海椒、辣子酱、豆瓣酱之类。因此，味道相似的辣椒各方面性能完胜。

其实辣椒还不是一出现就落地四川，传播的路线反而应该是从江浙、两广到贵州、湖南，其后蔓延开去，到嘉庆时期，黔、湘、川、赣几个省普遍种植起来，道光年间贵州北部已经是"顿顿之食每物必蕃椒"，同治时贵州人是"四时以食"海椒。清代末年贵州地区盛行的包谷饭，其菜多用豆花，便是用水泡盐块加海椒，用作蘸水，有点像今天四川富顺豆花的海椒蘸水。

湖南一些地区在嘉庆年间食辣并不十分普遍，但道光、咸丰、同治、光绪之间，湖南食用辣椒已较普遍了。据清代末年《清稗类钞》记载："滇、黔、湘、蜀人嗜辛辣品"，"（湘鄂人）喜辛辣品"，"无椒芥不下箸也，汤则多有之"，说明清代末年湖南、湖北人食辣已经成性，连汤都要放辣椒了。辣椒版图，在明清两代，迅速染红了西南半个中国。

食不厌精的终极奥义

明朝的开国皇帝朱元璋是起于微末的草莽，当皇帝时年纪已经不小了，虽然条件好了，但毕竟不想当个没见识的暴发户，因此每餐必要一盘豆腐，以示节俭。

上行下效，从宫廷到士大夫阶层在明初都是很简朴的，宴会不过是表达礼节，食品都不太讲究，酒也是散装的，连二品以上的官员都只是用金盏喝酒，其余器皿只能用银，低品阶的官员和平民更是只能用瓷器、漆器。这当然也跟明初政府国库空虚有关，随着家底的积累，到成化年间，奢华的风气开始在宫中悄悄盛行。比如，明初宫里敬神用的果品，不过是散放几样在盘子里，一盘需要水果不超过八斤，到成化年间，为了美观，果品都改用"粘砌"，也就是用糖把各色果品粘起来，弄成一定的花样，而且盘子也扩大了不少，以致装满一盘要至少十三斤果品。宫中餐餐必上豆腐的传统虽然依然保持着，风味却大不相同。到孝宗弘治时，甚至出现了"鸟豆腐"——豆腐不再是用黄豆所制，而是用上百只鸟的脑子凑成。豆腐已经不再是单纯的食品，而是变成彻头彻尾的一件"艺术品"。在宫廷尚奢风气的带动下，士大夫们也开始渐渐奢侈。比如，嘉靖年间的首辅夏言，他都是自带餐食酒水，甚至连容器都是自备，盛放菜肴的器皿由金子制成，远超制式。

不仅如此，在大小宴会上，金银酒杯也不再是什么稀罕物，讲究一点的盘子都是玉做的，逾制都是心照不宣的，主要是到明中晚期，大家都富裕了很多，早期的"一刀切"法令已经完全不符合实际，就类似现在还要求我们吃饭用五十年代的搪瓷盘。从弘治时期开始，士大夫游宴成了一时风气，这种风气自上而下，到了晚明，举办宴会已经相当普遍，就连差不多的小康之家，也纷纷效仿，寻个由头办宴会。在上古时代，聚会时有四盘菜已经是很奢侈了，就算天子设宴也不过是八道菜。先前的喜宴，最多不过是五六种水果，六盘菜，三种汤。到了明中期的宴会，菜肴都是十样起步。比如，鹅在当时算是比较珍贵的食材，一般不会食用，但当时有人请客，一顿饭就杀三十多只鹅。酒宴上的山珍海味，南方的牡蛎，北方的熊掌，东海的烤鱼，西域的马奶，简直是"富有四海"。通常办一次普通的宴会大概需要花掉一两银子，按照当时的物价，大概可以置办一百道菜，宴会所用的菜肴品种之多，不难想象。而一顿大宴的费用，通常都是一个普通之家几个月的生活费。

山珍海味吃腻了，时鲜又进入了明朝文士的视野。明人大多提倡饮食顺应四时，多吃时鲜。上自宫廷，下至官员富商，在追求时鲜上都挥斥重金，因为这些鲜食大多与四时物性相符，对身体健康大有裨益。比如，春节时间要吃江南的密罗柑、凤尾橘，遇到下雪天，则纷纷吃起烤羊肉。二月时要吃河豚配着芦芽汤，以解河豚的热性。夏至吃马齿苋，清热降火。立秋吃鲜莲子，补脾养肾。虽然搁在产地都不是名贵的食材，但若要新鲜运至京城，在快递运输业尚不发达的明朝，要将采办、运输、保鲜都做到位，必然如"一骑红尘妃子笑"一般，钱要花到位。更有甚者，干脆直接到当地吃"方物"，也就是地方特产。晚明纨绔子弟兼美食家张岱像写攻略一样列了一张他吃过各地特产的单子：

北京，有苹婆果、黄儇、马牙松；山东，有羊肚菜、秋白梨、文官果、甜子；福建，有福橘、福橘饼、牛皮糖、红腐乳；江西，有青根、丰城脯；山西，有天花菜；苏州，有带骨鲍螺、山楂丁、山楂糕、松子糖、白圆、橄榄脯；嘉兴，有马交鱼脯、陶庄黄雀；南京，有樱桃、桃门枣、地栗团、窝笋团、山楂糖；杭州，有西瓜、鸡豆子、花下藕、韭芽、玄笋、塘栖蜜橘；萧山，有杨梅、莼菜、鸠鸟、青鲫、方柿；临海，有枕头瓜；台州，有瓦楞蚶、江瑶柱；浦江，有火肉；东阳，有南枣；山阴，有破塘笋、谢橘、独山菱、河蟹、三江屯蛏、白蛤、江鱼、鲥鱼、里河鰦。[①]

风气所及，吃在明朝，已经不仅仅是吃什么的问题，而成了怎么吃的问题。明人对于饮食菜肴的刻意求精在明朝层出不穷的食书中可见一斑，在宋元的烹饪和食材理论基础上，明朝又推出了诸如《多能鄙事》《墨娥小录》《居家必用事类统编》《便民图纂》之类便民饮食书，更是有一大批文人纷纷给出审美指南，写专著谈"吃"。与前朝苏轼一类的文士不同，到了元朝，由于科举考试的大门被关闭，文人在历史上第一次将志趣完全投向了写诗作画、吃喝玩乐，从元代传承下来的这种纯文人志趣，在明末被彻底发扬光大。比如，张岱的《陶庵梦忆》、陈继儒的《晚香堂小品》、冒辟疆的《影梅庵忆语》、文震亨的《长物志》、李渔的《闲情偶寄》等，记录了多种烹调食谱、菜谱、酒谱，口腹之学也成了一门可以登大雅之堂的学问，在没有网红的明代，这些文人的精致生活方式，就成为百姓们争相模仿的对象。

---

① 　张岱：《陶庵梦忆》卷四，见《续修四库全书》子部小说家类，上海古籍出版社，2002年版。

"吃的艺术"已经自上而下，从京师蔓延到外省、从城市到乡村、从富人过渡到小康。最容易效仿的莫过于烹饪技法。甚至在很多话本小说中，都详细记录了吃稀罕物的过程。比如，《金瓶梅》六十一回中写道："四十个大螃蟹，都是剔剥净了的，里边酿着肉，外用椒料、姜蒜米儿，团粉裹就，香油煠，酱油醋造过，香喷喷，酥脆好食。又是两大只院中炉烧熟鸭。西门庆看了，即令春鸿、王经掇进去，吩咐拿五十文钱赏拿盒人，因向常峙节谢了。"

这道菜是先酿后炸，是一道家庭的高档菜。螃蟹里边酿上剁细的肥精肉，加上姜、蒜、盐等，腌好，然后下油炸，外酥里嫩。一般的螃蟹做法是蒸或煮，吃蟹肉，这道菜的特点是炸了之后，整只都可以吃。

如果说《金瓶梅》还是描写富商巨贾的西门大官人的私生活，那记录城镇小康之家的《醒世姻缘传》中，与之类似做法复杂的螃蟹汤则是《金瓶梅》的平民简易版。根据《五杂俎》的记载，到了晚明时期，北京的集市上，已经可以买到螃蟹、甲鱼等南方的特产，价格比江南还便宜，基本上普通的家庭，有俩闲钱都能打打牙祭，吃的讲究已经彻底融入平民百姓之家。

宫廷菜与江湖菜

饮食之于明人，已经俨然成为一种享受。市民经济的繁荣造就了一股与宫廷完全不同的新的饮食风尚，而终明一朝，饮食最大的特点就是宫廷官宦菜与江湖私房菜的双峰并峙。

文人士大夫提倡的精致饮食，是"食不厌精，脍不厌细"的儒家思想的派生，与单纯追求饮食数量、种类还有所区别，然而这种想法传到宫中，却发生了较大的变化。皇帝的一顿早饭，通常就米食、面食、山珍、肉类、小菜、水果一应俱全，各种奇珍异味，烹制方法一向是秘方，后人难以了解全貌，只能通过一些残存的食谱一窥皇帝的餐桌。万历年间有一太监刘若愚，常年生活在内宫，他作《明宫史》一部，记录了较多的饮食珍馐，从中大致可以看到帝王餐桌一年四季都能吃到什么：

春天，冬笋、银鱼、鸽蛋、凤尾橘、漳州橘、橄榄……遇雪，则暖室赏梅，炙羊肉、牛乳、炙蛤蜊、田鸡腿……三月吃烧笋鹅，凉糕、滋粑……四月吃樱桃、白煮猪肉……五月吃粽子、马齿苋……六月吃过水面、莲子汤，七月吃鲥鱼，八月吃蟹，九月吃麻辣兔、糟瓜茄，冬日吃乳饼、奶皮、羊肉、灌肠……

可以见得，天下美味特产，时令蔬果一出现，皇室就可尝到，随着季节不同，所食也不同，上自皇帝妃嫔，下至太监宫女，都追求当季鲜食，在养生之道上颇为讲究。其实这也不奇怪，朱元璋即位不久后就召见过百岁老人，询问长生之道，元代的《饮膳正要》在明代宫廷颇受重视，养生，在宫廷中大行其道。但历任皇帝对食物美味的追求，仍是以自己的喜好为先。比如，朱元璋生自安徽，多位开国将领也多为江淮一带的人，所以开国初期的宫廷风味都是以淮扬菜为主，长寿菜、徽州毛豆腐、烧香菇这类典型徽菜都是宫中常见的。又如，嘉靖皇帝因信奉道教，常吃素食，崇祯偏爱炙煎烹炸之类的厚味，本来掌管宫廷饮食的是光禄寺，但经常发生的却是，光禄寺做的不合皇帝胃口，因此皇帝也经常把私人饮食交给尚膳监去做。

"光禄"自西汉就有，承袭的是秦"郎中令"一职，职责就是"掌宫殿掖门户"，从开始就和宫廷饮食挂钩，到北齐光禄开始兼管饮食，到隋后，光禄寺基本都作为国家机关负责祭祀、朝会、宴会的膳食。与之相协调的是承办御膳的尚膳监，可以说光禄寺代表的更多是"国"，而尚膳监则更像是皇帝的"管家"。

在重大的节日，皇帝一般会邀请群臣一起搞团建，学名为"赐宴"，平时有什么不愉快在宴会上也可以"全在酒里了"。大宴有正旦、冬至、万寿节、郊祀庆成；太后的寿诞、皇后令旦、东宫千秋节这类属于中宴，此外还有立春、元宵、重阳、亲蚕礼、太庙享胙、社稷享胙等小宴会，这些可以称之为"国宴"，由光禄寺操办。这些宴会更像是履行仪式，每个人都有特定的角色扮演，名单和座位按照官员品级排定，不可随便乱坐，不能大声喧哗，仪表要得体，连菜品的供应都是有上、中、下三等分级，饮食饮酒皆有限制，皇帝先臣子后，一餐饭，吃出来的是皇帝至高无卜的绝对权威。

除却常规的礼仪性"聚餐"，在大臣生病、丁忧、考满之期，皇帝一般会赏赐臣子食物，来彰显君王对大臣的体恤与仁爱，这种将感情寄寓在食物中的个人化行为，富含了更深的人文关怀。比如，洪武时朱元璋经常不论品级，给"有廉能爱民者"赐食，更有甚者，皇帝在赐食的过程中，会显示出对某些臣子的格外偏爱。比如，与万历有深厚师生情谊的张居正腹痛，万历令尚膳监备食，并亲自调和一碗面，跟着一起吃，足以见得对其尊崇。而皇帝的私食赐予臣子，更有私交的"家"之感。

迈出宫门，饮食在民间虽也同样走出了"吃"的局限，但承载的职责却不是强调礼仪与制度，而是一种独特的娱乐方式，这种娱乐性在今天的酒桌文化中还能找到痕迹。在蒙古族统治时期已经趋于沉寂的酒肆茶楼，在明朝又重新回到了人们的视野，甚至在初期南京的大酒楼都是官府出资，后续交给民间商人经营管理，酒楼清一色取的是"醉仙""鹤鸣""重泽"等高端大气的名字，内设剧场、舞台、流动餐位，一派繁华。比如，《金瓶梅》中就描述了马头大酒楼的气势：

> 雕檐映日，画栋飞云。绿栏杆低接轩窗，翠帘栊高悬户牖。吹笙品笛，尽都是公子王孙。执盏擎杯，摆列着歌姬舞女。消磨醉眼，倚晴天万叠云山，勾惹吟魂，翻瑞雪一河烟水。楼畔绿杨啼野鸟，门前翠柳系花骢。

在南京、扬州这样的大城市里，很多餐馆纷纷打出了齐鲁、姑苏、淮扬、川蜀、闽粤之类的标签，展现自家的风味，四大菜系在那个时候，基本已经形成了。随着1421年永乐帝的迁都一路从金陵向北平移到了北京城，今天，山东菜似乎在北京占有更重要的地位，但回溯到明代，北京更像是一个南北交互的"江湖"，融合了蒙古、伊斯兰和中原腹地各个省份的特点。一方是宫廷中流出的"秘制菜谱"，如大名鼎鼎的蟠龙菜、田鸡腿、烧鹿肉、花珍珠等，另一方，是通过更发达的京杭大运河或者陆路交通由南方运至的各地美食，由此交织出了茶肆酒楼、普通人家中的很多花样吃食。这些美味在《金瓶梅》中可以窥见一斑，书中记录的主食、菜肴多达二百多种。比如，第十一回提到宋惠莲的烧猪头：

> 于是起身走到大厨灶里，舀了一锅水，把那猪首、蹄子剃刷干净。只用的一根长柴，安在灶内，用一大碗酱油，并茴香大料拌着停当，上下锡古子扣定。那消一个时辰，把个猪头烧的皮脱肉化，香喷喷五味俱全。将大冰盘盛了，连着姜蒜碟儿，叫小厮儿用方盘拿到李瓶儿房里，旋打开金华酒筛来。

来自五湖四海的家常菜不仅出现在酒楼里，还出现在很多富贵人家，比如在同时代的《醒世姻缘传》中就多次出现。例如，第五十回写到孙兰姬准备的一桌美食中出现了多种食物：

> 将出高邮鸭蛋、金华火腿、湖广糟鱼、宁波淡菜、天津螃蟹、福建龙虱、杭州醉虾、陕西琐琐葡萄、青州蜜饯棠球、天目山笋鲞、登州淡虾米、大同酥花、

杭州咸木樨、云南马金囊、北京琥珀糖，摆了一个十五格精致攒盒；又摆了四碟剥果：一碟荔枝、一碟风干栗黄、一碟炒熟白果、一碟羊尾笋桃仁；又摆了四碟小菜：一碟醋浸姜芽、一碟十香豆豉、一碟莴笋、一碟椿芽。——预备完妥。知狄希陈不甚吃酒，开了一瓶窖过的酒浆。

由此可见，不管是宫廷还是民间，明朝的餐桌，真的可以用丰盛来形容了。

文人的饮食情调

　　市场繁荣、市民阶层的壮大，把明代百姓的消费水平提升到了一个前所未有的高度，衣食住行各方面的礼制僭越、奢侈挥霍成了普遍的现象。在仕途内的士大夫们则更是变本加厉，纵情诗酒、狎妓冶游，经常性的宴饮成为常态。饮食之丰盛华美，可谓叹为观止。《孔尚任诗文集》中曾对江南的繁华饮食有过描述：

　　　　东南繁华扬州起，水陆物力盛罗绮。朱橘黄橙香者橼，蔗仙糖狮如茨比。一客已开十丈筵，客客对列成肆市。

　　他们饮食资源丰富，大肆搜罗奇珍异味，"穷山之珍，竭水之错，南方之蛎房，北方之熊掌，东海之鳆炙，西域之马奶，真昔人所谓富有小四海者，一筵之费，竭中家之产不能办也。"（《五杂俎》卷十一《物部三》）。每个宴会都是一场铺张浪费，到后来，吃得讲究有了更畸形的发展——吃得新奇。为了在别人面前有"面子"，虐杀动物的血腥场面开始频频上演。

李渔称曾有一人善做鹅掌，每次要杀鹅之前，先熬一大锅油，烧热了把鹅丢下去，任其跳跃，反复四次，鹅掌就异常美味肥厚。更美味的还有"浇驴肉"，一桌食客指定要吃哪里，就把相应位置剥开一层皮，露出鲜肉，再用沸腾的老汤浇灌，直到烫熟了取下来吃，十分残忍。宴客的主人就在这种虐杀的快感中寻找到一种极大的心理满足。

而一些文人士大夫纷纷痛斥这种"虐生"，觉得"惨者斯言，予不愿听之矣！物不幸而为人所畜，食人之食，死人之事。偿之以死亦足矣，奈何未死之先，又加若是之惨刑乎？"也许是对于这样奢华、享受的社会风气的反思，明朝中晚期的文人们走上了与精益求精、醉醴饱鲜完全不同的道路，开始摒弃这种俗流，对"淡味"和"本真"生出无限追求。比如，陆树声《清署笔谈》说：

> 都下庖制食物，凡鹅鸭鸡豚类，用料物炮炙，气味辛浓，已失本然之味。夫五味主淡，淡则味真。昔

人偶断羞食淡饭者曰：今日方知真味，向来几为舌本所瞒。

明人陈继儒《养生肤语》也说：

> 日常所养，惟赖五味，若过多偏胜，则五脏偏重，不惟不得养，且以戕生矣。试以真味尝之，如五谷，如菽麦，如瓜果，味皆淡，此可见天地养人之本意，至味皆在淡中。今人务为浓厚，殆失其味之正邪。古人称鲜能知味，不知其味之淡耳。

文人们对于"淡"的追求还不只在于菜蔬五谷，对茶饮也奉行了一样的清淡法则。不同于唐朝大加作料的煮茶、宋朝工艺繁复的点茶，明代开始慢慢摒弃香料，直接用沸水冲泡散茶。追求茶"玉雪心肠"的本味，成了文人一种特有的风雅象征。清淡，成为了一种人生志趣的选择。

比如晚明时期的文震亨，字启美，生于官宦书香门第，其曾祖父是与沈周、唐寅、仇英齐名的书画大家文徵明，在他所著的《长物志》中谈到饮食时，只提"蔬果"与"香茗"，体现的就是大写的"素净"。不仅吃的淡雅，就连放吃食的器具都要"古雅精洁"。比如，吃樱桃就得用白盘子盛，这样红白相映成趣，才能"色味俱佳"。

饮食，已经更多地被明朝士大夫们视为一种享受，这种趋势比所有的前朝加起来都更为明显。一杯一盘，寄托了他们对生命天地的思考，一蔬一饭，都仿佛隐晦内敛地昭告世人他们对生活的追求。而他们对古代雅隐的审美追求，恰恰与江河日下的朝廷形成了鲜明的对比。

他们理论上接受的都是"存天理，灭人欲"的程朱正统教育，于是见到宦官当道、腐败横行时纷纷为正义挺身而出，上奏朝廷，提出铲除阉党，杜绝腐败；可现实却不断打脸，因言获罪，惨遭迫害屠戮的大有人在。例如，天启时魏忠贤排斥异己，残害东林党人，"生者削籍，死者追夺，已经削夺者禁锢"。杨涟更是被"土囊压身，铁钉贯耳，仅以血溅衣裹置棺中"。面对精神失落的痛苦，无情的政治打击和生命危险，士人的人生追求与价值取向开始渐渐发生变化。"明哲保身"，爱惜生命与天理一样重要。毕竟"留得青山在"，才能"有柴烧"。文人们由亢奋激进走向逍遥自在，甚至开始抛却功名欲念，选择"独善其身"、平凡无争的生活。

既然得好好地活着，曾经为士人不屑的饮食，作为生活的一部分，开始和精舍美婢、骏马梨园、古董花鸟、诗书礼乐一道备受推崇。大量闲散文人们，开始花笔墨精力研究起吃。比如，十次考试都没中举的文徵明，开始研究茶道，醉心出书作画；

唐寅壮志难酬，也开始品茶卖画；山人陈继儒自创眉公饼；文士李渔制成笠翁糕，陶醉在制作食物的情趣中，自我胸臆得以抒发，个人的嗜好与品位也在其中得以展现。更有甚者，觉得市场上买得到的酒口味单一，品质也低劣，因而根据自己的喜好和口味改良，做出不同功能的保健酒。例如，方文《冬青子吟》中记载：

> 山房一树冬青子，至后累累灿若星。欲取为丸兼浸酒，不徒黑发可延龄。

自己种植采摘，为丸浸酒，目的是为黑发延龄。同样自酿养生酒的还有文人高濂。例如，他的建昌红酒：

> 用好糯米一石淘尽，倾缸内，中留一窝，内倾下水一石二斗。另取糯米二斗煮饭。摊冷作一团放窝里内，盖讫。待二十日饭浮浆醉，漉去浮饭，沥干浸米。先将米五斗淘尽，铺于瓮底，将湿米次第上去，米熟略摊气绝，翻在缸内中盖下。取浸米浆八斗，花椒一两，煎沸出锅。待冷用白曲三斤捶细，好酵母三碗，饭多少加常酒放酵法，不要厚了。天道极冷，放暖处，用草围一宿，明日早将饭分作五分，每分和前曲饭同拌

匀，踏在缸内。将余在熟尽放在面上，盖定。候二十日打扒，如面厚三五日大不遍，打后面浮涨足，再打一遍，仍盖下。十一月二十日熟，十二月一日熟，正月二十日熟，余月不宜造榨。取澄清并入白檀少许，包裹泥定。头糟用熟水随意副之，多二宿便可榨。

其中指出酿造红酒的时间是冬季的十一月到来年正月，放入"白檀"，能够"调气"。在酒中加入药材，酒也多了理气散寒、止痛祛风的功效。

"安身之本，必资于食"的理念，在游赏雅集和独自消遣中，逐渐与过去千年的经验相融合，上升到了对饮食认知的新高度，形成了另一个中国传统的饮食大概念——养生。正如张岱从饮食中阐发养生之道："中古之世，知味惟孔子。食不厌精，脍不厌细，精细二字，已得饮食之征。至熟食，则概之失饪不食，蔬食，则概之不时不食。四言者，食经也，亦即养生论也。"

食疗与养生

实际上，养生的理论，并非成于明代，而是几千年来国人防病的经验总结。"养生之道，莫先于食"是先人早有的论述。"养生"最早出现于《庄子》，但有关于养生的理念，出现的可能更早。在远古时代，人们的生命周期普遍较短，据考古学家对周口店原始人遗骨的分析来看，有三分之一都没活到十四岁，能活到三十岁的已经算高寿了。有文字记载的，最早关注到生命长短和健康的应该是商朝末年贵族微子所说的"五福"，这个五福是指人的富、寿、康宁、终命和好德。那时的人就意识到，生命不仅在于长度，更在于质量。

此后，有关于养生的讨论一直存在，而"养"与"吃"在每一次的讨论中，都密不可分。比如，春秋时代的孔子在跟鲁哀公谈话的时候就说了："人有三死，而非其命也，行己自取也。

夫寝处不时，饮食不节，逸劳过度者，疾共杀之；居下位而上干其君，嗜欲无厌而求不止者，刑共杀之；以少犯众，以弱侮强，忿怒不类，动不量力者，兵共杀之。此三者死非命也。"不好好吃饭是和贪权夺位、不自量力一样的找死行为。养生说起来也简单，劳逸结合，好好吃饭，不要生病是第一，别有太多欲望是第二，好好控制情绪是第三。战国时代吕不韦的门客们所作的《吕氏春秋》中对养生也做了不少讨论，大抵对好逸恶劳、大酒大肉做了彻彻底底的批判，认为想要长寿，就必须不能懒还不能馋。

如果说先秦的养生还停留在坐而论道的杂说之中，到西汉时，养生与"吃"则开始纳入了医学的范畴，并同当时大行其道的阴阳学做了一次完美融合。《黄帝内经·素问》中提到："五谷为养，五果为助，五畜为益，五菜为充。"并且强调"谨和五味，骨正筋柔，气血以流，腠理以密，如是则骨气以精"。好好吃饭，可以达到防病的效果。"吃"也得吃出个五行来，五谷、五菜、五味都得均衡，才有利于健康。法阴阳的同时还要中庸，不能过饥过饱，也不能过冷过热。除了"吃"，其他各方面也根据天地阴阳遵循特定法则，不同的季节得有不同的养生法。比如，《黄帝内经·四气调神大论》中说道：

春三月……夜卧早起……被发缓行……生而勿杀，

予而勿夺，赏而勿罚……夏三月……夜卧早起，无厌
于日……秋三月……早卧早起，与鸡俱兴……

这种顺应四季的"养生"阐述得更具体详细，可操作性也
更强。

到东汉，名医张仲景在治疗寒热病时还要让病人喝热稀粥
助药力，服药期间有诸多忌口，如生冷、黏腻、辛味食物。

到隋唐，孙思邈在《千金方》中专门讨论了"食疗"，主张
"为医者，当须先晓病源，知其所犯，以食治之，食疗不愈，然
后命药"，确立了"药治不如食疗"的原则。直至今天，上了年
纪的人为保健康，也总会分享各种各样的食疗保健方。

到东晋，炼丹达人葛洪又从道家的角度对养生做了一次大
探讨。《抱朴子》中，把身体比作一个国家，器官比作国家中的
富室，四肢相当于郊野，骨节分工合作犹如百官，腠理相当于
街道。养生犹如治国。当然他也给出了很多具体的途径，如注
重吐纳炼气，精神上要淡泊愉悦，除去荒诞的长生不老丹药，
还是比较科学的。与之相反，同时期的颜之推在《颜氏家训》对
炼丹谬论大加贬斥，认为养生还得是强身健体外加吃一些药食
同源的药物，如杏仁、枸杞、黄精、白术等。

及至唐代，佛家的影响愈渐深入，与道家的长生不老、修
炼成仙不同，佛教中肉体是不可能长生不死的，所以讲求的更

多的反而是一种超脱的状态。许是受到这些文化的影响，当时的医学家孙思邈将养生的理论和实践方法总结得更为全面：养生首先道德情操得高尚，在养性的基础上，还要配合饮食起居。但不管怎么说，养生在当时大多限于上层社会。

直至明末，西学东渐，以人为本的西方思潮开始渗透，一些有识之士开始认真思考，从"存天理，灭人欲"的说教向"人心无天理，天理正从人欲中见。人欲恰好处，即天理也"转变，人们开始更多地注重自我，加上明代商业的发展和交通的便利，中国与东亚、东南亚、非洲的交往日益密切，食物药物的种类大大增加，爆炸式增长的食物种类，奢侈化的饮食风气，让饮食渐渐从填饱肚子的基本活动上升成了一种高雅的生活情趣。很多文化精英更是以精制细作为盛事，将生活与艺术寄寓在美食之中，不仅精于烹饪，还善于升华成理论，养生渐渐成了一种风雅时尚，撰写养生著作成了文化圈的流行趋势。因此，这一时期的养生著作蔚为大观，从明初的瞿佑、刘基到明代中期的邝璠、徐渭、李贽、袁道再到明代晚期的张岱、高濂、李渔等，编撰了大量的养生专著，专门谈养生的具体操作。

饮食，变成了医疗前奏，所谓"病从口入"而"上医防未病"，好好地吃，既能愉悦身心，又能降低得病的概率，是安身的根本。正如："修养之士，不可不美其饮食以调之。所谓美者，非水陆毕具、异品珍馐之谓也，要在乎生冷勿食，粗硬勿食，勿强食，勿强饮……"适当的吃，可以补充精气，强身健体，调和五脏，用来养人；不当的吃，则破坏身体五脏之间的协调，可以害人。养生，不是非要山珍海味，更多是口味清淡，生活平和。大多数的养生家都倡导"人于日用养生，务尚淡薄，勿令生我者害我，俾五味得为五内贼，是得养生之道矣。余集，首茶水，次粥糜、蔬菜，薄叙脯馔、醇醴面粉、糕饼、果实之类，惟取实用，无事异常。"

"生冷伤脾，硬物难化，肥腻滑肠。"食火烤、油炸、厚味与美酒固然让人愉悦，却是对身体的损伤："膏粱者，醇酒肥鲜炙蔻之物也，时人多以火炭烘熏，或以油酥、燥煮，其味香燥甘甜……以取其爽口快心，罔顾其消阴烁脏。"其实仔细想想不难发现，道家讲究素净，儒家讲求修身，佛家训导不杀生，虽讲法不同，于大道上都是统一地推崇蔬食，实际上都是在强调清淡的饮食。

此外，在漫长的岁月经验总结中，古人掌握了各种饮食调配的方法，对食物搭配和身体状况的宜忌方面做了大量总结。比如，若"生冷无节，饥饱失宜，调停无度，动生疾患"，"非为致疾，亦乃伤生"，"多饮酒则气升，多饮茶则气降，多肉食谷食则气滞，多辛食则气散，多咸食则气坠，多甘食则气积，多酸食则气结，多苦食则气抑"。众多医书中还记载了很多"服药食忌"和"饮食禁忌",从《本草纲目》到《养生类要》,再到《古今医统大全》,关于饮食的忌口少则十几条,多则上百条。养生,不仅仅停留在总的理念,更落到每一个具体案例中。

红极一时的茶点

　　养生，自离不开茶饮。根据各类养生文献的记载和实践证明，茶叶不但保健，还可以防治疾病。抗氧化、抗衰老、抗辐射、降压降脂、消食解腻、抗癌解毒、美容减肥、陶冶情操，基本所有的能想到的养生功效，茶叶都包了。因此，在重养生的明清，喝茶成了一件讲究的大事。在这些个养生典籍里，提到饮茶，总会提到茶点，茶点既为果腹，更为呈味的载体，与茶搭配，对身体有所补益。比如，明人宋诩《竹屿山房杂部》在"养生部一"中，专门列条介绍了种茶果、种茶菜及其加工方法，茶果分别是：栗肉、胡桃仁、榛仁、松仁、西瓜子仁、杨梅核仁、莲心、莲菂、乌榄核仁、人面核仁、椰子、橄榄、银杏、梧桐子仁、芡实、菱实等。与之一同出现的，还有"茶菜"，有芝麻、莴苣笋干、豆腐干、鸡棕、羊角豆、乳饼、龙须菜等，到后来，喝茶，竟可以摆成一桌非正式的宴席。喝茶，也不仅仅是解渴，更是文人的养生休闲交际，百姓的会客聊天消遣。因此，茶之于饮，点之于食，构成了主餐之外的零食饮料体系。

其实明清的茶宴，并不是一蹴而成，喝茶吃点，是在漫长的历史中不断外延和发展变化的。早期的茶一般都是生煮饮，至少在魏晋南北朝之前，茶在长江以南，仅仅作为脱离了早期药用的一般饮料，还没有在宴会上流行。三国时期东吴的皇帝孙皓密使偷偷将茶汤放进韦曜的酒壶里以茶代酒，揭开了"以茶代酒"的序幕，但"偷偷"表明，宴席上主要还是饮酒，喝茶不是主流，也并非雅事。但到晋时《封氏闻见记》中记载吴兴太守陆纳招待谢安的宴会时，已经有"晋时谢安诣陆纳，纳无所供办，设茶果已"。陆纳没有用酒席，而是设置了茶宴，提供了茶果，茶宴渐渐也兴盛起来。

茶果几乎是和茶宴同时出现，随着食品加工技术的发展，果品可以经过干制、蜜渍、盐渍、煎煮、蒸烤、发酵制成菜肴，蔬菜也可以通过腌渍、蒸煮、煎炒、煨制制成清淡的素食。以茶配果蔬的茶宴就这样渐渐形成了。到了唐宋，喝茶便成了一件讲究事儿，随着制茶技术的提高，直接取用鲜叶煮饮开始流行，茶升级成了独立的饮料，不仅配茶果喝，还出现了很多一同食用的点心。点心，最初出现在唐朝，《能改斋漫录》中提到"点心"二字是这么说的：

自唐时已有此语。按，唐郑傪为江淮留后，家人备夫人晨馔，夫人其弟曰："治妆未毕，我未及餐，尔且可点心。"其弟举瓯已罄，俄而女仆请饭库钥匙，备夫人点心。

类似的用法在同时代的书中也有多则。比如，《太平广记》中有"三娘子先起点灯，置新作烧饼于食床上，与客点心"的记载。"点心"开始是个动词，与其说"点心"，不如讲"点肚子"更准确一点，就是指非正餐的时间随便吃些面食垫肚子的意思，后来拿来垫肚子的面食，就变成了"点心"。而可作为"点心"的很多吃食也是早在汉代就开始有，各种蒸、煮、焙、煎、炸的各类面、粥、饭都能叫点心，如烧饼、髓饼、膏环、索饼、寒具等，还有平安时代从日本流入的饆饠、馉子等，作辅助而非正餐的吃食，碰上还没有上宴席的饮料，就像惺惺相惜的一对搭档，悄无声息地渐渐走在了一起，无论是官宦人家的宴会，还是茶肆酒楼，茶配点心都成了套餐。但经唐至宋的茶点已经发生了概念的扩大，配茶的"点"除了面食，还包含了原来的茶果，即应季果品与加工过的干果炒货。比如，南宋诗人陆游在《听雪为客置茶果》中道："病齿已两旬，日夜事医药。对食不能举，况复议杯酌……设茗听雪落，不叮栗和梨，犹能烹鸭脚。"

诗中设的茶点就是糖炒栗子和梨。在更多的茶楼茶坊中，去喝茶消遣的人们更是要点些吃食配合着喝茶来消磨时间。比如，《梦粱录》中记载了这么一段：

> 凡点索茶食，大要及时。如欲速饱，先重后轻。兼之食次名件甚多，姑以述于后：曰百味羹、锦丝头羹……更有供未尽名件，随时索唤，应手供造品尝，不致阙典。又有托盘檐架至酒肆中，歌叫买卖者，如炙鸡、八焙鸡、红鸡……荤素点心包儿：旋炙儿……更有干果子，如锦荔、木弹……

可以见得，茶肆中的佐茶点心琳琅满目，水果、糕点、羹汤甚至熟食都有，茶的百搭度大大提升。南宋《梦粱录》里的开门七件事还是"柴米油盐酱醋酒"，而到了元朝的《玉壶春》里，已经变成了现在所熟知的"柴米油盐酱醋茶"。元朝时，蒙古游牧民族的粗犷性格和肉食乳饮的生活习惯，使得去油解腻的茶地位更高。蒙古族入主中原后，受到藏族酥油茶的启发，融合中原的饮茶习惯，在茶中加入羊脂，称之为"酥"。酥和茶混合后可以稀成膏状，既能当吃食，也能当饮品，元曲中的"吃茶"，当不是空穴来风，这种特制的奶茶，是真的可以吃。配茶的餐点也变成了"汉儿茶饭""西天茶饭"之类。"茶饭"只是一种代称，其实和茶没什么关系，但喝茶吃饭显然已经是元人的日常了。

到明清，在数不尽的茶馆中，经由平民百姓的多年检验，茶点真正成熟起来。茶馆的普及让茶食更偏向大众化，民间出现了更多精致的茶食。比如，明代的茶馆会根据季节不同，提供不同的茶食，从果品糕点的挑选、搭配到制作都有一套讲究。比如，文震亨的《长物志》在"择果"中说：

> 茶有真香，有佳味，有正色，烹点之际，不宜以珍果香草夺之。夺其香者，松子、柑橙、木香、梅花、茉莉、蔷薇、木樨之类是也。夺其味者，番桃、杨梅之类是也。凡饮佳茶，去果方觉清绝，杂之则无辨矣。若必曰所宜，核桃、榛子、杏仁、榄仁、菱米、栗子、鸡豆、银杏、新笋、莲肉之类，精制或可用也。

茶点的搭配不但重视茶的风味，也注重美感和多样性。比如，甜茶点配称绿茶，绿茶的淡雅轻灵与香甜味此消彼长，互为补充，不必担心口感生腻，乌龙则配坚果，保留茶香。到明清两代，茶已脱去整煮羹饮，改为散茶冲泡为主，跟当今大致相同，饮茶更加方便，佐茶茶点也就更多。比如，《金瓶梅》中记载的佐茶点心就有四十多种，如荷花饼、松花饼、大乳饼、黄米面儿枣糕等，都是当时常见的佐茶茶点。清代的茶馆风气比明代更盛，这一时期出现了很多著名的茶点，清人袁枚的《随园食单》中就有大量精美点心，如竹叶粽、陶方伯十景点心等，这时还出现了很多以茶为调味或原料的茶食，如风靡到今天的茶叶蛋。

茶点的风行史，与茶叶饮用的变迁史相辅相成。在唐宋之前，茶并非主流饮料，因而茶点寥寥，从唐而起，水果菜肴开始伴茶而生，随着茶从煮制变为冲泡，茶点越来越丰富，茶与点也真正做到饮与食。

清代

纸醉金迷：清代

满汉全席

清朝是中国最后一个封建意义上的王朝，经过漫长的时间积淀，清代的饮食的丰盛程度达到了古代的顶点。与元相似，清代也是外族进驻中原统治的统一王朝，纵观整朝，不难发现，满人的饮食和食仪，逐步为汉人所接受，另一方面，汉族和其他民族的饮食文化也在向满族皇庭不断渗透。

女真，这个来自于北方的少数游牧民族，在万历四十三年（1615）建立起八旗，后金天聪九年（1635）废除"女真"族号，更名"满洲"，从此一路挥师南下，成功入主中原。根据"首崇满洲"的基本政策，清朝在统治的初期，尤其是皇室，极力提倡自己的满洲旧俗，不与汉族通婚、保持自己的语言、文字、服饰、骑射技艺的独立性，当然，最重要的，要吃自己的民族饭食。

作为世代居住在黑龙江以及松辽地区，既耕地又狩猎畜牧的女真人后裔，满族的饮食还是很有特色的。主食不似中原人的小麦、大米，而多以麦子、糜子、高粱、玉米做原料，制作面食，满语里这种面制品统称为"饽饽"，如豆面饽饽、搓条饽饽、牛舌饽饽。他们尤其喜好黏腻的甜食，如主食也吃高糖的萨其马。绿豆糕、芙蓉糕、风糕、卷切糕、豆沙糕等糕点，更是他们抵御漫长冬季的最爱。菜肴则以肉食为主，尤其是猪肉，满族先民善养猪，这种传统一直保持，做法则是传统的烧烤，清人姚元之《竹叶亭杂记》中写有："主家仆片肉锡盘飨客，亦设白酒。是日则谓吃肉，吃片肉也。"每逢杀猪，将调好的猪血灌到猪肠里煮熟，即血肠。用白水煮肉，将肥而嫩的猪肉切薄片，就是白肉，将酱油、韭菜花等调料调匀，将白肉片蘸佐料而食。每逢祭祀或者节日喜庆之时，客人席地而坐，围桌而食，客人吃得越多，主人越高兴。如今，依然有很多满族人沿袭此习俗，过年杀猪时请亲朋好友吃白肉、血肠。此外，游牧民族偏好奶制品的习惯在他们身上也得以保留。日常的牛奶、马奶、羊奶，掺奶的奶茶都是满族人的日常饮品。

这些饮食的风俗在前期很好地保留在皇室上层，纵观清代前期的宴席及日常饮食，基本都延续了女真族烧、烤、煮这些原始方法，调料用得也简单，基本只有盐。满族人就这样带来了吃的习惯。

比如，满族人喜欢吃火锅，从辽到清，这种烹法经久不衰。

满族人入关之后，火锅与火锅菜肴更是风行全国。火锅菜的原料通常以羊肉为主，俗称"涮羊肉"，在东北地区，鹿肉、野鸡肉、猪肉也可以入火锅，配上满族喜欢的酸菜、粉丝、虾仁，鲜嫩可口，味道醇厚的肴菜就齐备了。不过"涮羊肉"经历各个地方征战之后，就开始百转千回地变化起来，如在巴蜀，传统的清汤中被加了料，麻辣成了永恒不变的底色。到了潮汕，火锅的主角又从羊肉转换为牛肉。许是入乡随俗微妙改变的欣然接受，又许是满族剃头令粗暴简单却遭到强烈抵制反弹，清廷渐渐意识到，治国是个互相接纳的过程。

随着入关后战利品或朝贡，以及康熙乾隆两代帝王的六次南巡，宫里的吃食越来越受到汉族饮食习惯的影响，山东菜、苏杭菜越来越多地出现在八旗子弟的日常食单中。但在更广大的满洲大本营，因为尚有不准汉人进入的禁令，满族的食俗在最初几乎没受到什么冲击，到咸丰、同治时期，越来越多的汉民迫于生活的压力，开始了"闯关东"漫长的谋生路，汉族的食物食俗，就随着这些人一道进入了广袤的东北。

满汉真正的交融产物，莫过于大名鼎鼎的"满汉全席"了。这个席的由来其实很有趣，在初期的朝廷宴席中，满臣与汉臣的席面通常是分开设立的，菜肴、用具、规格都不相同。随着清王朝政权不断地稳固强盛，满汉两族文化的交融，使得合席应运而生。在康熙时期的祭孔宴上，满汉合席最早出现，到乾隆年间，皇帝讲排场，下面的官员们也纷纷效仿，举办宴会，设立满汉合席迎来送往。袁枚的《随园食单》中曾有描述：

> 今官场之菜，名号有十六碟、八簋、四点心之称，有满汉席之称，有八小吃之称，有十大菜之称。种种俗名，皆恶厨陋习，只可用于新亲上门、上司入境，以此敷衍……

在官员的交往之中，汉人为了迎合满族官员，往往会设满席，而为了克服满席烹调的简单，又会增加一些汉族菜肴，开始不过是用来"敷衍"，统共也就十六碟菜。但慢慢地，酒楼市肆中也开始有样学样，出现"满汉大席"。如《清稗类钞·饮食》中记载：

> 烧烤席，俗称"满汉大席"，筵席中之无上品也。烤，以火干之也。于燕窝、鱼翅诸珍错外，必用烧猪、烧方。猪以全体烧之。酒三巡则进烧猪，膳夫、仆人皆衣礼服而入，膳夫座之专客，专客起箸，蓬座者始从而尝之，典之隆也。

燕窝鱼翅是从东南亚马来半岛漂洋过海，再从福建广东这类沿海港口进口的，烤乳猪、烤全羊这些是游牧民族的烤肉，进食的仪式感是充足的，因此，基本上这种席就是尊贵的代名词。到乾嘉时期以后，官宦士绅之家每逢宴请无不以备办满汉席为荣，再至光绪时期，"满汉席"又被规模更大的"满汉全席"所取代。席间的菜肴也是越来越丰盛，清末时已达百余种，包括红白烧烤、冷热菜肴、点心蜜饯、瓜果茶酒等，"全"字概括得名副其实。

事实上，在史料中，无论正史还是野史，或是清宫内务府文献，都找不到关于"满汉全席"的记载，能找的只是"满汉席""满汉大菜"之类的记载，所以"满汉全席"真正流行起来是在民间。到清中后期，在民间，满汉全席成了宴会的牌面担当，但凡想把宴席规格提高，一定要摆满汉全席。但随着满汉席的金字招牌在各地间游走所碰到的限制，抑或原料没有，抑或技术缺乏，许多菜肴无法复刻，商家们渐渐开始偷梁换柱，只保留满席精华，汉席则就地取材保证规模，从而满汉全席不断变化，到最后南北两派截然不同。北方的满汉全席以孔府菜为主，南派则以扬州菜为主，到民国初年，各地的满汉全席更是别有风味，比较有名的是晋式、川式、鄂式、粤式。比如晋式的席面，主要流行在山西，共有菜品一百二十四道，其中除了部分满族菜之外，大部分是山西的传统风味，如鹌鹑茄子、过油肉、三丝鱼翅等。川式共有一百二十八道，其中满族菜二十道，汉族点心十九道，汉族菜肴四十道，茶点四十四道，缠丝兔拼干辣熏鱼、蒜泥白肉拼棒棒鸡丝、夫妻肺片等麻辣菜占了半壁江山，甚至四川的担担面都藏身其中。在这个不断变化的过程中，早已不再是最初的满汉交融，而是一场想象力和创造力的大比拼，是夸富和猎奇皇家宴会体验的好手段，这曾经一度辉煌、一度流行的顶配盛宴，代表着的是各民族文化全面融合的、独属于那个时代的饮食文化。

八大菜系的诞生

　　上一节提到满汉全席在各地传播后因加入了当地汉菜各有不同。比如，湖北鄂菜味纯口重、汁稠芡浓；陕西秦菜香肥酥烂；河南豫菜鲜香清淡，都是当地菜肴的独有特色。因着各地气候物产、生活风尚的不同，各地的肴馔风味大不相同，我们现存的这些地方风味菜，在清代时基本上都已成型，以明朝末年开始出现的扬（东）、川（西）、粤（南）、鲁（北）为基础，在清一代，又慢慢在四大菜系中完成裂变，扩展出浙、湘、闽、徽四大支系。实际上，加上北京菜和上海菜，以及无数其他的区域，汉族的菜系远远多于"八大"，然而"八"在中国的文化中，有着四平八稳、四通八达的平衡感，在漫长的时间考验中，最终于清末出道的便是这个组合了。

　　曾经顺着京杭大运河一路北上占据明代宫廷半壁江山的淮

扬菜，在清廷的初期几乎从菜单中剔除了，但这并不影响扬州菜继续在民间发光发热，不论宫中是否满汉分离，清代的漕运中心一直在扬州，三分之一的赋税出自江南，这里的交通繁华，一如曹雪芹诗中所述："广陵截漕船满河，广陵载酒车接轲。"随着车马交汇，盐商聚集，繁华的大街小巷里林立起大大小小的酒楼饭馆，随着康熙、乾隆多次的"南巡"驻足，宫廷宴享的技艺流出，刀功精细、造型精美与江南柔美细腻的风格相融合，出现了文思豆腐、大煮干丝之类极需要刀功的菜肴。扬州菜还有另一大特点就是甜，作为承担帝国赋税三分之一的大户，淮扬一代的富庶让吃糖这件奢侈烧钱的事儿融于日常的一餐一食。而后来在经验中人们发现，放糖还有另一妙——保持菜肴的"鲜"，因此淮扬菜中，甚至炒青菜都放糖，糖起初作为一种品位的象征，最后却变为一种餐食习惯在淮扬菜上打了个深深的烙印。

以杭州、宁波、绍兴三种风味为代表的浙菜在清后期渐渐从淮扬菜中脱离，逐渐自成一系。"清淡"是杭帮菜与扬州菜的共性，与淮扬菜相比，江浙菜的味觉谱系中多了一点咸，少了一点甜。其实说剥离，也不尽然，江浙的"宋嫂鱼羹""东坡肉""龙井虾仁""西湖醋鱼"等名菜都早于大多数淮扬菜，甚至宋时就已出现。因南宋多北人迁都临安，浙菜中南材北烹特别常见，如用腌卤制品配肥腻的肉食，梅菜扣肉、卤蛋烧鱼，细嫩精巧的肴菜中还多了一丝北方乡土的气息。

从秦时就独具特色的巴蜀，一直就又红又辣——专一地喜欢辣。这种嗜辣在清代经过吸收其他派系菜肴的特点，经名师庖厨之手的精巧搭配，创造出比之前更为独特的一系列复合口味，如鱼香、麻辣、酸辣、酱香、糖醋、红油、蒜泥、豆瓣等，出现了以四川总督丁宝桢命名的宫保鸡丁，以同治时期陈姓、面有微麻的妇女得名的麻婆豆腐，郭朝华夫妇创造的夫妻肺片，以及鱼香肉丝等名菜。煎、炒、炸、腌、卤、熏、熘、焖、炝、爆、煸、糟等烹法在川菜里都有用到。

与巴蜀相邻的湖南湘菜同样以辣为主，不过与盆地人民先天喜辣不同，湘菜的辣味版图是明末辣椒传入后才逐渐扩展开的，湖南湿润多雨的亚热带气候提供了辣椒生长最适宜的土壤，辣椒的驱寒祛湿、促进食欲更让湘人喜欢，原本为"南蛮"的楚越后人，在原来自己的腊味浓香风格中混合了辣，形成了自己独特的气质。例如，唐宋即出名的"醋鸡"，在晚清加入了红辣椒煸烧，成了著名的"东安子鸡"。与其他菜系相比，湘菜中最突出的莫过于"煨"菜，醇厚浓香的"祖庵鱼翅""洞庭金龟"都是煨菜中的典型。随着晚清战事频繁，湖南人曾国藩、左宗棠先后带领湘军转战南北，把湘菜带出了湖南，带到各地发扬光大，留下了如"左宗棠鸡"之类的名菜。

以广州为中心的广东粤菜，在那时算比较大的一个菜系。

广东濒临南海，四季常青，本就物产丰饶，而作为清帝国曾经的南大门，从南海航线进口的各种香料几乎都会在广州港歇歇脚，不但飞禽走兽、野味家畜一应俱全，烹制的香料也极其丰富，因此烹烧品种多样，野味如蛇、狸、猫、狗、鼠、猴都出现在粤菜菜谱里。风味清而不淡，如冬瓜盅；鲜而不俗，如盐焗鸡；嫩而不生，如白灼虾；油而不腻，如咕噜肉。烹法多泡、浸、焗、炒、炖、煎、炸等。

与广东同属华南一派的福建菜，其实与粤菜颇为相似，甚至在初期与粤菜本不分家。与广州同属五口通商的福州，在闽菜真正成型之前，甚至充斥着大量广字头的菜馆，"广复楼""广资楼""广裕楼""广宣楼"跟着广东买办商人的涌入一应开张，而福建自身以山珍海味和考究汤法而著称的菜式是后来才渐渐为人所知的。最广为人知的莫过于道光年间出现的"佛跳墙"。这道菜通常用鲍鱼、海参、鱼唇、墨鱼、瑶柱这类海鲜，配以鸡鸭猪牛羊肉和杏鲍菇、花菇等山珍，文火煨制。不同于粤菜的咸鲜，甜淡是闽菜独特的风味。

鲁菜在清一代取代了徽菜，作为北方的风味担当进入宫廷，成为御膳的支柱。作为古文化发祥地，齐鲁大地上的中原饮食文化积淀其实是最厚重的。发端于春秋战国时期，从宋时就几乎已成型的"北食"，在经过元明清的发展后，形成了以烹制江河海鲜见长的孔府菜、清鲜脆嫩的济南菜，煎、炒、炸、烤、蒸、腌是鲁菜的常见烹法，除此之外，鲁菜中常使用汤头，高汤鸡汁的运用独树一帜。

徽菜是明清时期最著名的菜系之一，以徽州为代表的皖南风味，早期的徽菜经历了北方氏族和土著山越风俗的融合，尤其讲究油、色、火功，经常是木炭微火单炖单烤，原锅上桌，非常质朴，如"黄山炖鸽""问政山笋"。清代徽菜的发展和徽州商人密不可分，清代是徽商的黄金时代，以盐茶钱庄酒肆为经营范畴的徽州商人资本雄厚，足迹遍布全国，他们走到哪里，徽州菜馆就开到哪里，但逢谈生意、应酬或者好友相聚，都会摆一桌家乡菜来显示对宾客的尊重，因此徽菜成了宴请应酬的必备，人们对色香味形的审美要求也相应提高了。

游离于八大菜系之外的其实还有京系菜，也许由于清代的首都一直在北京，京城更看作是一个融合四海八方，汇聚天下各门的综合体，因而京系菜往往不单拿出。但北京菜在包含了山东菜、河南菜、山西菜、东北菜、蒙古菜、清真菜、官府菜、宫廷菜等北方菜的特点基础上形成了特有的清鲜脆嫩的风味，烹饪方法包含了爆炒、白扒、烧、燎、煮、炸、熘、烩、烤、涮、蒸、熬等，出现了北京烤鸭、北京涮羊肉、三不沾、菜包鸡等一系列名吃。

八大菜系的分化和形成，并不是一朝一夕的事，从魏晋开始即有的南北饮食之差，在漫长的时间和空间转移中经过公务员、军人、商人的流动，外来食物和技法的交融碰撞，最终铸造了多样又特别的菜系文化。

美轮美奂的食器大赏

古语云：美食不如美器。斯语是也。然宣、成、嘉、万，窑器太贵，颇愁损伤，不如竟用御窑，已觉雅丽。惟是宜碗者碗，宜盘者盘，宜大者大，宜小者小，参错其间，方觉生色。若板板于十碗八盘之说，便嫌笨俗。大抵物贵者器宜大，物贱者器宜小。煎炒宜盘，汤羹宜碗，煎炒宜铁锅，煨煮宜砂罐。

——袁枚《随园食单》

这段话很有趣，用白话讲就是：好罐装好汤。这话不错，但用古董还是太贵了，不小心磕碰了都心疼，官窑造的性价比就挺高的。选合适大小的容器盛装，错落有致才美观舒适。

自古以来，美食的美总是立体的，除了食物本身的色香味形，衬托食物的器物也是美食的外延，甚至，美观的容器和各色盛器参差错落的陈设所带来的空间视觉美感更能给美食加分。容器的颜色搭配与形状显得既生动，又科学。比如，冷菜适合用冷色系的容器，热菜适合用暖色；平盘装爆炒，海碗装汤菜，但不论怎样摆设，追求的核心要素都是一个字——和。

这种"和"不仅仅体现在颜色的搭配、器型的选择，更重要的是从质地、造型、使用、配给都符合使用者的身份、地位，以及社会的伦理秩序。如袁枚所述，他认为的"昂贵"瓷器是明代宣德到万历年间的 vintage（古典）瓷器，但官窑所造的用起来不心疼，袁枚是什么身份？乾隆四年（1739）进士出身，授翰林院庶吉士。乾隆年间担任过七年县令，是个基层干部。因而对于他而言，可以用到官窑的瓷器就不足为怪了。而对于一个普通的清朝百姓，用的则更多的民窑烧制的餐具。民窑与官窑相比有什么特点？主要在于餐具中心的标识。其实说起来，标识的出现还很有趣，主要是普通百姓家红白喜事的时候，办宴席菜肴很多，餐具不够用，都是跟邻居家借的，因为非常相似不易辨别，容易弄混，因此，盘心刻字就这样出现了。

清代贵族对食物器具极其讲究，除了为满足自身的需求，主要是通过精巧的食器体现相应的权势和地位。比如，清朝皇帝赐宴王公贵族笼络人心，在宴席中，等级规格就非常明确：一等肴馔，其中每桌有热锅盛羊肉片等；盘盛羊肉乌叉等、蒸食、炉食、螺蛳盒小菜；锅装羊肉丝汤，其中有银热锅和锡热锅。二等肴馔，热锅羊肉片、狍肉；盘盛羊肉等、蒸食、炉食、螺蛳盒小菜。所用的盛具一等席锅是银制，二等席锅是锡制。还有后妃的餐具，也都是按地位分的。皇后及太后用黄釉盘碗，贵妃、妃用黄地绿龙盘碗，嫔用蓝地黄龙盘碗，贵人用绿地紫龙盘碗，常在用五彩红龙盘碗。

宫中用的器物多为金银玉石和玛瑙象牙制品，此外还有水晶、珐琅、翡翠制品，所用瓷器，大部分产自景德镇的官窑。御膳房内餐具很多，以道光朝为例，御膳房里有金银器三千多件，有皇帝日常进食用的盘碗，冬天的火碗、暖碗，大宴用到的玉盘碗。从小餐具、水餐具、火餐具到点心盒四件套，餐具的材质、造型、纹饰都非常丰富。每一个细节都体现着皇家的"威严"与"富贵"。

与前代不同，清代的餐具脱去宋的古朴和明的雅致，呈现更多的是繁复的花纹。以沈阳故宫藏品为例，多为吉祥纹饰。瓷盘方面如龙纹，龙也分红、绿龙；还有描金的；还有黄地绿龙、蓝地黄龙纹；与莲花有关系的，如莲瓣、勾莲、绿地番莲、黄釉莲蝠、胭脂水莲蝠六格纹；其他有云凤、海水、八宝、黄釉绿花、菊瓣、凤花、黄地九桃、霁蓝、团寿字纹；青玉小盘大多没有纹饰；漆器有黄漆描金彩、朱漆菊瓣、黄漆描金枝叶、乾隆款珐琅缠枝花卉万寿无疆纹；碗类纹饰有团凤、寿字、牵牛花、八仙过海、缠枝花、龙凤、云蝠、绿地紫云龙海水、番莲梵文、串枝牡丹、抹红海水异兽、八宝、八宝番莲、八宝万寿无疆、二龙戏珠等，釉色还有麻酱釉的、粉彩的。制作也不以单一材质为主，往往有各种材料的混搭。比如，汤匙是金镶玉的，匙两端金制，中间为玉柄，如意云头形的金色勺尾上刻有"囍"字。金和玉历来象征着财富和地位，囍字又表明是特定的婚礼或庆典使用，因此这样的勺子应该是皇家的婚庆用品。火碗是宫中用来热菜的器具，还可以当作简便火锅用，放在三角支架上下面点一个酒精碗就可以一直保持菜品温热。这件镀银的火碗上还刻满了"寿"字，应该是用在皇帝寿宴上的。吃暖锅是慈禧的一大爱好，几乎一年四季暖锅不断，其实暖锅就有点像隔水炖，下面烧酒精保持倭瓜形的暖锅内水温热，内置的小碗内食物就可以保温。

为了保持骑射的能力，清廷每年都要组织围猎。比如，到皇家猎场木兰围场秋猎，打回的野味有专门的煮食容器，称为"野意家伙"。

"野意家伙"是清宫中对以食用火锅菜肴为主器皿的通称。清宫中所用的各种野味，主要是东北大、小兴安岭和长白山的特产。"野意火锅"一菜，是清宫御膳中的代表菜，也是典型的满族菜。档案中记载的"野意家伙"，多指制作"野意火锅"这类菜肴时所用的火锅、盘、碟、果盒、火碗、攒盒、方盘、镟子等。

制作野意菜肴的主要盛器是火锅，嘉庆四年（1799）正月的《野意家伙》档案中记载的是银火锅，其中随盘重五十二两的银火锅有两个，净重四十二两五钱的银火锅有一个，还有随座重十三两的银火锅两件，从重量来看应是一种小而精致的火锅。

同样精巧美丽的还有执壶、食盒、餐刀、果盒、杯盘、叉箸等，每一件餐具都极尽工匠艺术设计的巧思，除了好看，还很实用。比如，筷子不管筷身是玛瑙象牙玉石还是木头，筷头都是用银制的，插在食物里，很快就能验出是否有毒。

从先秦到清代，历代统治者都为酒食赋予了浓郁的社会、文化乃至宗教的内涵。所谓"国之大事，在祀与戎"，烹饪用的重要食器"鼎"就是国家最高权威的象征。清代也不例外，清代宫廷的餐具之多之美，折射出的不光是当时皇家的富足与豪奢，更是当时民间手工技艺的高度发达。

仪式中的食物大有深意

不论是汉族治国，还是蒙满族统治，中国从来都是"家天下"。家庭，是一个社会的基本单元，几代人共处一室，每逢年俗节庆，全家老少团聚共食，全部成员参加的盛大家宴，成了一个人成长过程中绕不开的活动。从出生加入家庭，到成年成家，再到去世离开，在不同的年龄阶段，都要举行不同的仪式。由商周到明清，几千年来，在这些仪式中，逐渐形成了一套固定的习惯，食物，逐渐被赋予了更多含义，表达人们的祝愿与希望。

从婴儿还未降生之时，愿望的种子就已经埋好了。新婚之时，一般都要撒帐，就是在新郎新娘的婚床上撒下吉祥的食物，通常是红枣、花生、桂圆、莲子，专门取"早生贵子"的谐音。满族新婚夜，新娘要吃半生不熟的"子孙饽饽"，闹洞房的人问新娘"馇馇生不生"时，新娘自然会说"生"。似乎执拗地相信"生"，就能盼来新生命的到来。女子的怀孕，绝对是一家之中的大事，通常都直称"有喜"。为了平安诞下胎儿，孕期的吃很是讲究。比如，孕妇不能吃兔肉，否则容易兔唇。有些地方有"酸儿辣女"的说法，根据孕期的口味偏好来判断胎儿性别。今天看来这些都是"封建迷信"，毫无科学依据，但讨吉祥彩头，几乎是特定重大场合和节庆纪念时候都会注意的。

一个孩子出生后，诞生礼就开始了，女婿通常要带着红鸡蛋到岳父家报喜，产妇的娘家要准备红鸡蛋、红糖分发给邻居们。一般婴儿出生的第一个月要摆"满月酒"，出生一年要行"抓周礼"，一般会在桌子上放上纸、笔、书、算盘、食物、锤、铲之类的工具，任孩子抓取用来占卜未来，亲朋好友这时都要带着贺礼来围观，主人就要摆宴招待。

长大成人也是有仪式的。古代男子二十行冠礼，女子十六岁行笄礼，代表着不再是孩子了。男子加冠要取字、号，女子及笄要用细线绞掉脸上的汗毛，加簪绾髻，这一天，亲友都要来相贺，父母要设宴款待宾客。但慢慢的，笄礼就并入了婚礼，成了出嫁前的一个步骤。

人生中最大的一礼是婚礼。婚礼从周代起基本就秉承着"三书六礼"的传统，从纳采、问名、问吉到请期、亲迎，几乎每一步，都离不开吃食。经过初步的说媒匹配，男方家会带去聘礼，礼物都有吉祥的寓意，比如胶、漆、合欢铃、鸳鸯、凤凰（鸡）、蒲苇、双石等。"如胶似漆""君当作磐石，妾当作蒲苇"这些典故多从聘礼中来。当然除了这些有特殊含义的，还有鱼、羊、鸡、鹅、衣服、首饰、钱、酒等实用的。后来，茶也纳入了聘礼，当然原因很玄学，似乎并不是从实用价值考虑。宋人《品茶录》中介绍说："种茶树下必生子，若移植则不复生子。"是说茶代表着承诺，一旦缔结婚约，就不能反悔了。所以订婚礼也称"茶礼"，女方吃了人家的茶，就是未过门的媳妇了。

结婚当天及婚礼之后的两天，是家庭宴席最频繁的三天。女方送女儿出嫁要摆"送亲"宴，男方迎娶要摆"结婚"宴，新妇回娘家要摆"回门"宴，亲友邻里都被请来做鉴证。结婚当天，新人要喝"合卺酒"，合卺是把匏破开，一分为二，夫妇各拿一半盛酒。为什么用匏装呢？主要匏是用来做笙的，因为跟音乐沾边儿，可以用来比喻琴瑟和谐，同时匏本身是苦的，用来装酒，酒也会变苦，又能有同甘共苦的含义。但到宋代，容器变成了普通的酒杯，合卺也变成了"交杯"。

等到年长，通常还要举办寿宴。长寿在华夏的传统中一直被认为是有福气的事，值得庆祝。一般从五十岁起，每隔十年就要"做寿"。到年满六十岁以上都是"做大寿"，亲友都要来祝贺喝"寿酒"，礼品一般有寿桃、寿面、寿联。做寿日一定要吃面条，寓意延年益寿。一般寿面都长达一米，每一束要有百根以上，盘成塔状放在寿案上。寿桃一般都是面粉做成的，也有用真桃的，庆祝的时候九个桃叠成一盘，三盘并列。因"酒"和"久"同音，所以祝寿的酒必不可缺。菜肴的数量也基本都暗和"九"，菜名也起的仙气飘飘："八仙过海""三星聚首""福如东海""寿比南山"，挑选的菜品都是白果、松子、红枣之类寓意长寿吉祥的。

一生遇到的最后一礼是丧礼，俗称"送终"，丧事本是悲哀的"凶礼"，但若是寿终正寝的老人去世，就会被看成是和婚礼一样的喜庆事，也就是所谓的"白喜事"。办丧礼也同样开丧席，不过丧饭通常比较严肃，不喝酒，也不能谈笑风生，否则被视为对逝去之人不够尊敬。父母去世后，儿女需要守丧三年，居丧期间杜绝娱乐活动，喝酒吃肉都要戒，只能茹素。这种苛刻的饮食习惯对长期食肉的士大夫阶层是比较难的，需要极力克制才能长期茹素，但一般下层百姓平时就很少有肉吃，日常饮食就是粗茶淡饭，所以居丧期间吃斋这种传统对他们来说做到也不是很难，因此这一传统就这样流传了几千年。

西餐东渐的浪潮

　　1583 年，当明帝国开始织造"上朝天国"美梦的时候，一艘来自西方的船在广州靠岸。一个叫利玛窦的传教士在广东肇庆盖了个土二楼，把随身带来的世界地图放大，把中国改绘在最中央。这是第一个从西方到中国的传教士，但不是最后一个，此后源源不断地来了一批又一批传教士、外交使节和商人，通过宴请中国人，把自己祖国的食俗推广到这片古老的土地。广州的一些外商曾在商行招待清朝广东海关监督，准备了他们最精美的英国时令菜肴，但监督大人落座后，"没有发现一样东西适合他那娇弱的胃口"。"当整个桌子被全部搜索一遍后，他又一次摇了摇头，表示不喜欢，然后命人上了一杯茶"。并不是所有的人都像这位总督一样，长了一副彻彻底底的"中国胃"，更多的上流人士还是喜欢西餐的。清末的慈禧、溥仪都爱吃，但在他们的概念里，西餐也仅仅是"尝鲜"，起初的文化渗透，似乎只让西餐在上层社会打了个转，并没有在中国走得更深更远。

西餐真正在华夏大地铺开阵仗是鸦片战争后。起初，中国人是看不起欧美饮食的，欧美注重食物营养搭配和保持食物最初形态的吃法让他们觉得西餐很没技术含量，直呼欧美菜为"番菜"。但随着各种不平等条约的签订，越来越多的外国人口流入，通商口岸的繁华让人侧目，好奇让百姓对洋人态度直转，"番菜"直接华丽变身为"西餐"。随着通商口岸的开放和租界的建立，越来越多的西方人在中国生活，长期的成长早已塑造了他们的口味和饮食习惯，早期想念家乡饭菜的洋人常雇用中国厨师，同时亲自下场教他们西餐烹饪技艺，写书传播西餐制法。到十九世纪六七十年代，上海的福州路出现了第一家西餐馆"一品香"，紧接着西式餐馆、饭店如雨后春笋一般冒了出来，开始只为西方人服务，慢慢地也接待中国人。西餐厅严格地按照西式餐桌礼仪，大众抱着猎奇的心态，将走进西餐厅吃饭引为时尚。胡朴安《中华全国风俗志》指出，北京的一些达官显宦"向日请客，大都同丰堂、会贤堂，皆中式菜馆。今则必六国饭店、德昌饭店、长安饭店，皆西式大餐矣"。不仅达官显贵趋之若鹜，1912 年 8 月 9 日《晨报》副刊报道了一次民意调查，在北平普通市民、知识分子等人群中爱吃西餐和兼食中西餐的人数已占其总人数的 23%。清代人对西式饮食的态度可以说是相当开放了，利玛窦评价说："我认为中国人有一种天真的脾气，一旦发现外国货质量更好，就喜欢外来的东西有甚于自己的东西。看来好像他们的骄傲是出于他们不知道有更好的东西以及他们发现自己优胜于他们四周的野蛮国家这一事实。"

但实际上，这种开放中既有对西方饮食的好奇，也有对自己饮食传统的自信。不论是意大利菜、法国菜、西班牙菜、墨西哥菜哪一个单拿出来，都有各自的风格，但在中国，却几乎被笼统地盖上了"西餐"的印章。高脚杯喝酒、炙烤肉食、餐桌上罩着白色的餐布、刀叉吃饭、分餐，只要沾上了这些文化符号，一顿饭似乎就吃成了像模像样的"西餐"。比如，晚清小说《海上繁华梦》里记述的吃西餐的细节：

> "说那一品香番菜馆，乃四马路上最有名的，上上下下，共有三十余号客房。四人坐了楼上第三十二号房间，侍者送上菜单点菜。幼安点的是鲍鱼鸡丝汤、炸板鱼、冬菇鸭、法猪排，少牧点的是虾仁汤、禾花雀、火腿蛋、芥辣鸡饭，子靖点的是元蛤汤、腌鳜鱼、铁排鸡、香蕉夹饼，戟三自己点的是洋葱汁牛肉汤、腓利牛排、红煨山鸡、虾仁粉饺，另外更点了一道点心，是西米布丁。侍者又问用什么酒，子靖道：'喝酒的人不多，别的酒太觉利害，开一瓶香槟、一瓶皮（啤）酒

够了。'"

看菜单就不难发现，那时的西餐，俨然是中西合璧的样子。事实上，严格的西餐在中国几乎是水土不服的，如山洪海啸般席卷而来的西餐浪潮，在拍击大陆之后，留下的多是中国印象中西餐的内核，裹上一层符合中国人口味的外衣，变成了一种新的"X式西餐"。比如：法国西餐中的烤牛排，中国人也喜欢吃，但却不像法国人那样生吃。德国的炸猪排，中国人也爱吃，但却不像德式猪排那样蘸果酱，而改为辣酱油，这种被粤人称为"喼汁"的调味料，原型是英国的"伍斯特郡酱汁"。此调味料既洋派，又符合江浙菜的传统。俄国人常吃的红菜牛肉汤，当时的沙俄贵族流亡上海，按照吴语的发音，"Russia"就译为了"罗宋"，红菜头找不到就改用了卷心菜，红色不够就加番茄丁和番茄酱，没有牛肉高汤就用碎牛肉代替，总之，这道正经的俄国菜，最后却变成了家常的，几乎成了那个时代所有上海人共同的味蕾回忆。又如咸丰、同治年间广东街头大受欢迎的牛扒。"扒"有点类似中国烹饪方法中的煎，但所用的平底锅和铁板却不是中国传统所固有的。这些牛扒摊后来发展成一些广州老字号的西餐厅，如清朝末年的太平馆。太平馆擅长烧乳鸽、牛扒、咸猪手、炸雪糕、红豆冰、西米露等菜式，英、法、德、美、意诸国的餐饮风格都被融为一体，在广府菜传统的加持和改造下，变得和谐统一。最有趣的是他们还有一些创意菜。比如"西式炒饭"，欧美本来是没有炒饭的，类似的模板应该是法餐或意餐里的白汁烩饭。广州人依据本土口味，加上番茄、火腿、叉烧、鸡蛋，用中式炒锅翻炒，出来的成品又香又亮。

很快，中国人的自信被接踵而来的甲午海战的战败和一系列不平等条约打得支离破碎，"师夷长技以制夷"的洋务运动轰轰烈烈地开始了。随后的几十年，各国的资本像潮水一样涌入哈尔滨、青岛、天津、上海、广州这些商埠。来自西方的食品机器、设备大量传入中国，洋酒、饮料、糕点、糖果、罐头、饼干产业都是在这时候开始兴起。1892年，南洋华侨实业家张弼士从法国领事处得知天津等地葡萄可酿酒后，率先购买葡萄酒生产机器与设备，在烟台创办了中国第一家工业化生产葡萄酒的张裕酿酒公司，先后聘请了英国、荷兰和奥地利的酿酒技师指导葡萄种植与酿造。1900年，俄国商人在哈尔滨创办了中国第一家工业化生产的啤酒工厂——乌卢布列夫斯基啤酒厂，生产哈尔滨牌啤酒；1903年，英、德两国商人在青岛合资创办了啤酒酿造股份公司。1886年美国人创办上海屈臣氏药房，生产汽水，主要供给在上海生活的西方人。这些厂牌，到今天仍然在广袤的中国市场风行。在中国人看来，这些机械化生产的食品饮料很"西方"，伴着这种西式的底色，就连在酒吧喝气泡水配花生米，大排档点个啤酒配上烤串，都显得很"洋气"，但在西方人看来，他们依旧很"中国"。这种观感的判断早已超越了口味和餐食本身，是一种刻在每一个国民身上如影随形的文化传承。